NCT全国青少年编程能力等级测试教程

Python语言编程 一级

NCT全国青少年编程能力等级测试教程编委会 编著

清华大学出版社
北 京

内 容 简 介

本书依据《青少年编程能力等级》(T/CERACU/AFCEC/SIA/CNYPA 100.2—2019)标准进行编写。本书是 NCT 测试备考、命题的重要依据,对 NCT 考试中 Python 编程一级测试的命题范围及考查内容做了清晰的界定和讲解。

全书不仅介绍了 NCT 全国青少年编程能力等级测试的考试背景、考试形式、考试环境等,还基于 Python 语言,对《青少年编程能力等级》标准中 Python 编程一级做了详细解析,提出达到 Python 编程一级标准的能力要求,例如具备以编程逻辑为目标的基本编程能力、能够编写不少于 20 行的 Python 程序等。同时对考试知识点和方法进行了系统性的梳理,对知识点的综合运用进行了说明,并结合真题、模拟题进行讲解。

本书适合 NCT 全国青少年编程能力等级测试考生备考使用,也可作为 Python 语言编程初学者的参考用书。

图书在版编目(CIP)数据

NCT 全国青少年编程能力等级测试教程. Python 语言编程一级/NCT 全国青少年编程能力等级测试教程编委会编著. —北京:清华大学出版社,2020.8 (2025.1 重印)
ISBN 978-7-302-56174-3

Ⅰ. ①N… Ⅱ. ①N… Ⅲ. ①软件工具-程序设计-青少年读物 Ⅳ. ①TP311.1-49

中国版本图书馆 CIP 数据核字(2020)第 140606 号

责任编辑: 彭远同
封面设计: 常雪影
责任校对: 刘 静
责任印制: 刘 菲

出版发行: 清华大学出版社
网 址: https://www.tup.com.cn, https://www.wqxuetang.com
地 址: 北京清华大学学研大厦 A 座 **邮 编:** 100084
社 总 机: 010-83470000 **邮 购:** 010-62786544
投稿与读者服务: 010-62776969, c-service@tup.tsinghua.edu.cn
质量反馈: 010-62772015, zhiliang@tup.tsinghua.edu.cn
印 装 者: 三河市龙大印装有限公司
经 销: 全国新华书店
开 本: 185mm×260mm **印 张:** 11.75 **字 数:** 226 千字
版 次: 2020 年 8 月第 1 版 **印 次:** 2025 年 1 月第 8 次印刷
定 价: 58.00 元

产品编号: 088918-01

NCT
本书编委

前　言

NCT 全国青少年编程能力等级测试是国内首家通过全国信息技术标准化技术委员会教育技术分技术委员会（暨教育部教育信息化技术标准委员会）《青少年编程能力等级》标准符合性认证的等级考试项目。它围绕 Kitten、Scratch、Python 等在国内外拥有广泛用户基础的热门通用编程工具和编程语言，从逻辑思维、计算思维、创造性思维三个方面考查学生的编程能力水平，旨在以专业、完备的测评系统推动标准的落地，以考促学，以评促教。它除了注重学生的编程技术能力外，更加重视学生的应用能力和创新能力。

为了引导考生顺利备考 NCT 全国青少年编程能力等级测试，由从事 NCT 全国青少年编程能力等级测试试题研究的专家、工作人员及在编程教育一线从事命题研究、教学、培训的老师共同精心编写了“全国青少年编程能力等级测试教程”系列丛书，该丛书共七册。本册为《NCT 全国青少年编程能力等级测试教程——Python 语言编程一级》，是以 NCT 全国青少年编程能力等级测试考生为主要读者对象，适合于考生在考前复习使用，也可以作为相关考试培训班的辅助教材以及中小学教师的参考用书。

本书绪论部分介绍了考试背景、报考说明、考试题型等内容，建议考生与辅导教师在考试之前务必熟悉此部分内容，避免出现不必要的失误。

全书包含 10 个专题，详细讲解了 NCT 全国青少年编程能力等级测试 Python 语言编程一级的考查内容。“真题演练”提供了两套历年真题，并配有答案及解析，供考生进行练习和自测，读者可扫描相应二维码下载文件。

每个专题都包含考查方向、考点清单、考点探秘、巩固练习四个板块，如下表所示。

固定模块	内　容	详 细 作 用
考查方向	能力考评方向	给出能力考查的五个维度
	知识结构导图	以思维导图的形式展现专题中所有的考点和知识点
考点清单	考点评估和考查要求	对考点的重要程度、难度、考题题型及考查要求进行说明，帮助考生合理制订学习计划
	知识梳理	将重要的知识点提炼出来，进行图文讲解和举例说明，帮助考生迅速掌握考试重点
	备考锦囊	考点中易错点、重难点的说明和提示

续表

固定模块	内　容	详 细 作 用
考点探秘	考题	列举典型例题
	核心考点	列举出主要考点
	思路分析	讲解题目解题思路及解题步骤
	考题解答	对考题进行详细分析和解答
	考法剖析	总结归纳该类型题目考查方法及解题技巧
	举一反三	列举相似题型，供考生练习
巩固练习		学习完每个专题后，考生通过练习，巩固知识点

由于编写水平有限，书中难免存在疏漏之处，恳请广大读者批评、指正。

编　者

2020 年 5 月

目 录

绪论........................1
一、考试背景........................2
1. 青少年编程能力等级标准........................2
2. NCT 全国青少年编程能力等级测试........................3
二、Python 语言编程一级报考说明........................3
1. 报考指南........................3
2. 题型介绍........................4
三、备考建议........................6

专题 1　Python 语言概述........................8
考查方向........................9
考点清单........................10
考点 1　Python 语言简介........................10
考点 2　Python 开发环境........................10
考点 3　IPO 程序的编写方法........................13
考点探秘........................15
巩固练习........................15

专题 2　Python 的基础语法........................17
考查方向........................18
考点清单........................19
考点 1　标识符、保留字........................19
考点 2　注释........................20
考点 3　变量的命名和使用........................23
考点 4　缩进........................24
考点探秘........................27

巩固练习 29

专题 3 运算符和数据类型 30

考查方向 31
考点清单 32
考点 1 运算符 32
考点 2 数据类型 36
考点 3 布尔类型 38
考点 4 运算符的优先级 40
考点探秘 40
巩固练习 43

专题 4 字符串类型 45

考查方向 46
考点清单 47
考点 1 字符串表示方式 47
考点 2 字符串运算 50
考点 3 字符串常用方法和常用函数 54
考点 4 字符串格式化 60
考点探秘 62
巩固练习 66

专题 5 列表 69

考查方向 70
考点清单 71
考点 1 列表的创建和删除 71
考点 2 列表的索引和访问 73
考点 3 列表元素的添加 74
考点 4 列表元素的移除 76
考点 5 列表元素的修改 79
考点 6 列表的统计 80
考点 7 列表的排序 82
考点探秘 83
巩固练习 93

专题 6　类型转换……96
考查方向……97
考点清单……98
考点　类型转换……98
考点探秘……101
巩固练习……103

专题 7　分支结构……104
考查方向……105
考点清单……106
考点 1　分支结构的形式……106
考点 2　分支结构的嵌套……110
考点探秘……112
巩固练习……115

专题 8　循环结构……118
考查方向……119
考点清单……120
考点 1　for 循环语句……120
考点 2　while 循环语句……123
考点 3　break 语句和 continue 语句……125
考点 4　循环结构的嵌套……127
考点 5　循环结构和分支结构的组合……128
考点探秘……129
巩固练习……134

专题 9　异常处理……136
考查方向……137
考点清单……138
考点 1　try...except 语句……138
考点 2　try...except...else 语句……140
考点 3　try...except...finally 语句……141
考点探秘……142
巩固练习……144

专题 10 Python 标准库入门 146

考查方向 147

考点清单 148

考点 1 turtle 库的函数及使用 148

考点 2 turtle 库的综合应用 157

考点探秘 160

巩固练习 162

附录 163

附录一 青少年编程能力等级标准：第 2 部分 164

附录二 标准范围的 Python 标准函数列表 175

附录三 真题演练及参考答案 176

绪论

一、考试背景

1．青少年编程能力等级标准

为深入贯彻《新一代人工智能发展规划》和《中国教育现代化 2035》中关于青少年人工智能教育的相关要求，推动青少年编程教育的普及与发展，支持并鼓励青少年树立远大志向，放飞科学梦想，投身创新实践，加强中国科技自主创新能力的后备力量培养，中国软件行业协会、全国高等学校计算机教育研究会、全国高等院校计算机基础教育研究会、中国青少年宫协会四个全国一级社团组织联合立项并发布了《青少年编程能力等级》团体标准第 1 部分和第 2 部分。其中，第 1 部分为图形化编程（一至三级）；第 2 部分为 Python 编程（一至四级）。《青少年编程能力等级》作为国内首个衡量青少年编程能力的标准，是指导青少年编程培训与能力测评的重要文件。

表 0-1 为图形化编程能力等级划分。

表 0-1

等　级	能力要求	等级划分说明
图形化编程一级	基本图形化编程能力	掌握图形化编程平台的使用，应用顺序、循环、选择三种基本的程序结构，编写结构良好的简单程序，解决简单问题
图形化编程二级	初步程序设计能力	掌握更多编程知识和技能，能够根据实际问题的需求设计和编写程序，解决复杂问题，创作编程作品，具备一定的计算思维
图形化编程三级	算法设计与应用能力	综合应用所学的编程知识和技能，合理地选择数据结构和算法，设计和编写程序以解决实际问题，完成复杂项目，具备良好的计算思维和设计思维

表 0-2 为 Python 编程能力等级划分。

表 0-2

等　级	能力目标	等级划分说明
Python 一级	基本编程思维	具备以编程逻辑为目标的基本编程能力
Python 二级	模块编程思维	具备以函数、模块和类等形式抽象为目标的基本编程能力
Python 三级	基本数据思维	具备以数据理解、表达和简单运算为目标的基本编程能力
Python 四级	基本算法思维	具备以常见、常用且典型算法为目标的基本编程能力

《青少年编程能力等级》中共包含图形化编程能力要求 103 项，Python 编程能力要求 48 项。《青少年编程能力等级》标准第 2 部分详情请参照附录。

2．NCT 全国青少年编程能力等级测试

NCT 全国青少年编程能力等级测试是国内首家通过全国信息技术标准化技术委员会教育技术分技术委员会（暨教育部教育信息化技术标准委员会）《青少年编程能力等级》标准符合性认证的等级考试项目。它围绕 Kitten、Scratch、Python 等在国内外拥有广泛用户基础的热门通用编程工具和编程语言，从逻辑思维、计算思维、创造性思维三个方面考查学生的编程能力水平，旨在以专业、完备的测评系统推动标准的落地，以考促学，以评促教。它除了注重学生的编程技术能力外，更加重视学生的应用能力和创新能力。

NCT 全国青少年编程能力等级测试分为图形化编程（一至三级）和 Python 编程（一至四级）。

二、Python语言编程一级报考说明

1．报考指南

考生可以登录 NCT 全国青少年编程能力等级测试的官方网站，了解更多信息，并进行考试流程演练。

（1）报考对象

① 面向人群：年龄为 8 ～ 18 周岁，年级为小学 3 年级至高中 3 年级的青少年群体。

② 面向机构：中小学校、中小学阶段线上及线下社会培训机构、各地电教馆、少年宫、科技馆。

（2）考试方式

① 上机考试。

② 考试工具：海龟编辑器（下载路径：NCT 全国青少年编程能力等级测试官网→考前准备→软件下载）。

（3）考试合格标准

满分为 100 分。60 分及以上为合格，90 分及以上为优秀，具体以组委会公布的信息为准。

（4）考试成绩查询

登录 NCT 全国青少年编程能力等级测试官方网站查询，最终成绩以组委会公布的信息为准。

（5）对考试成绩有异议可以申请查询

成绩公布后 3 日内，如果认为考试成绩存在异议，可按照组委会的指引发送异议信息到组委会官方邮箱。

（6）考试设备要求

考试设备要求如表 0-3 所示。

表 0-3

项　目		最低要求	推　荐
硬件	键盘、鼠标	必须配备	
	前置摄像头		
	话筒		
	CPU	2010 年后生产的 CPU	2015 年后生产的 CPU
	内存	1GB 以上	4GB 以上
软件	操作系统	PC：Windows 7 或以上 苹果计算机：Mac OS X10.9 Mavericks 或以上	PC：Windows 10 苹果计算机：Mac OS X EI Capitan 10.11 以上
	浏览器	谷歌浏览器 Chrome v55 或以上版本 (最新版本下载：NCT 全国青少年编程能力等级测试官网→考前准备→软件下载)	谷歌浏览器 Chrome v79 及以上或最新版本 (最新版本下载：NCT 全国青少年编程能力等级测试官网→考前准备→软件下载)
网络		下行：1Mb/s 以上 上行：1Mb/s 以上	下行：10Mb/s 以上 上行：10Mb/s 以上

注：最低要求为保证基本功能可用，考试中可能会出现卡顿、加载缓慢等情况。

2. 题型介绍

Python 语言编程一级考试时长为 60 分钟，卷面分值为 100 分。具体题量及分值分配如表 0-4 所示。

表 0-4

题　型	每题分值 / 分	题目数量	总分值 / 分
单项选择题（1 ~ 5）	3	20	60
操作题 1	5	1	5
操作题 2	15	1	15
操作题 3	20	1	20

1）单项选择题

（1）考查方式

根据题干描述，从四个选项中选择最合理的一项。

(2) 例题

运行下列代码，输入

```
5
```

则输出的结果是（ ）。

```
a = input(' 请输入一个整数 ')
a = int(a) + 5
print(a)
```

A．1　　B．5　　C．10　　D．10.0

答案：C。

2）操作题

(1) 考查方式

根据题干要求编写程序（注意输入 / 输出的格式）。

(2) 例题

① 例题 1

请编写一个程序：分别输入两个正整数，输出两个数的差（大数减小数）及两个数的和。

输入：

分两次输入，每次输入一个正整数

输出：

输出两个数的差值（大数减小数）及两个数的和

输入样例：

```
1
4
```

输出样例：

```
3
5
```

参考答案：

```
a = int(input(" 输入第一个数 "))
b = int(input(" 输入第二个数 "))
lst = [a,b]
c = max(lst)
```

```
d = min(lst)
e = c-d
f = a+b
print(e)
print(f)
```

② 例题 2

使用 turtle 库绘制如图 0-1 所示的图形。

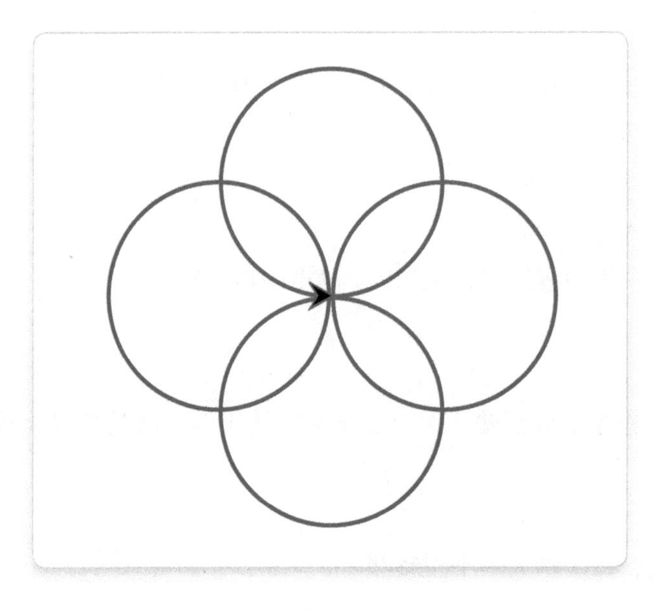

图 0-1

参考答案：

```
import turtle as t
t.pencolor('red')
for count in range(4):
    t.right(-90)
    t.circle(50)
t.done()
```

三、备考建议

NCT 全国青少年编程能力等级测试 Python 语言编程一级考查内容依据《青少年编程能力等级》标准第 2 部分 Python 语言编程一级制定。本书的专题与标准中的能力要求对应，表 0-5 给出了对应关系及建议学习时长。

表 0-5

编号	名 称	能力要求	对应专题	建议学习时长 / 小时
1	程序基本编写方法	掌握“输入、处理、输出”程序编写方法，能够辨识各环节，具备理解程序的基本能力	专题 1 Python 语言概述	1
2	Python 开发环境使用	熟练使用一种 Python 开发环境，具备使用 Python 开发环境编写程序的能力	专题 1 Python 语言概述	0.5
3	Python 基本语法元素	掌握并熟练使用基本语法元素编写简单程序，具备利用基本语法元素进行问题表达的能力	专题 2 Python 的基础语法	4
4	数据类型和运算符	掌握并熟练编写带有数字类型的程序，具备解决数字运算基本问题的能力	专题 3 数据类型和运算符	6
5	字符串类型	掌握并熟练编写带有字符串类型的程序，具备解决字符串处理基本问题的能力	专题 4 字符串类型	6
6	列表类型	掌握并熟练编写带有列表类型的程序，具备解决一组数据处理基本问题的能力	专题 5 列表	6
7	类型转换	理解类型的概念及类型转换的方法，具备表达程序类型与用户数据间对应关系的能力	专题 6 类型转换	2
8	分支结构	掌握并熟练编写带有分支结构的程序，具备利用分支结构解决实际问题的能力	专题 7 分支结构	6
9	循环结构	掌握并熟练编写带有循环结构的程序，具备利用循环结构解决实际问题的能力	专题 8 循环结构	8
10	异常处理	掌握并熟练编写带有异常处理能力的程序，具备解决程序基本异常问题的能力	专题 9 异常处理	2
11	函数使用及标准函数 A	掌握并熟练使用以基本输入 / 输出和简单运算为主的标准函数，具备运用基本标准函数的能力	内容详见附录二。相关函数在各专题进行了讲解	0.5
12	Python 标准库入门	掌握并熟练使用 turtle 库的主要功能，具备通过程序绘制图形的基本能力	专题 10 Python 标准库入门	4

Python语言概述

编程语言是我们与计算机沟通的工具。通过编写程序，我们能够让计算机完成复杂的任务。本专题,我们将一起了解 Python 程序语言，并写出属于我们的第一个程序代码“Hello world”。让我们一起向计算机世界发起问候吧!

考查方向

能力考评方向

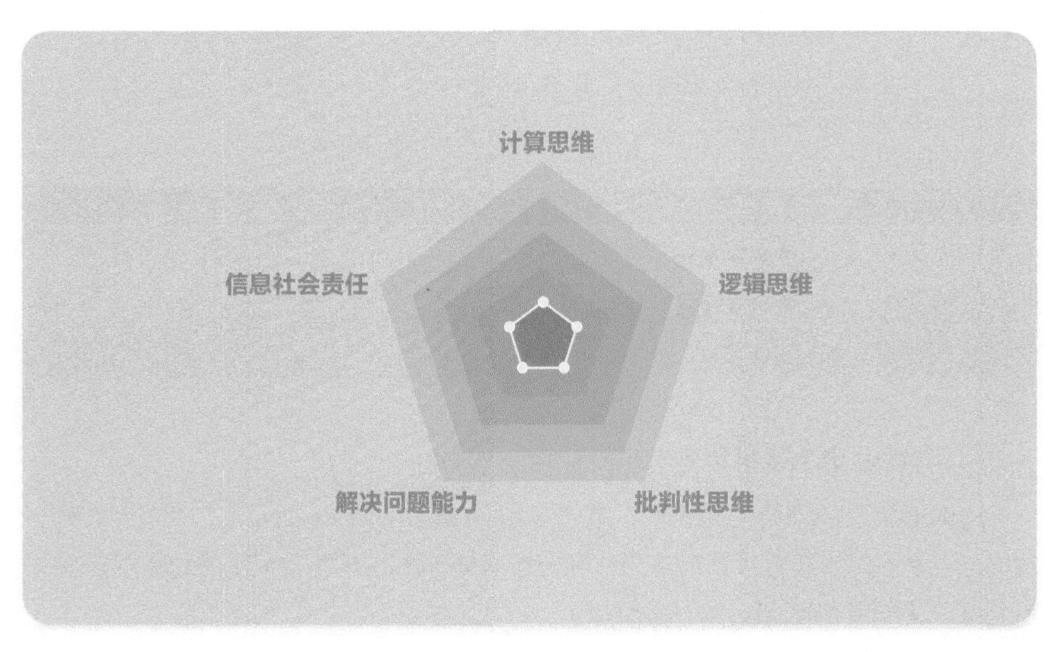

知识结构导图

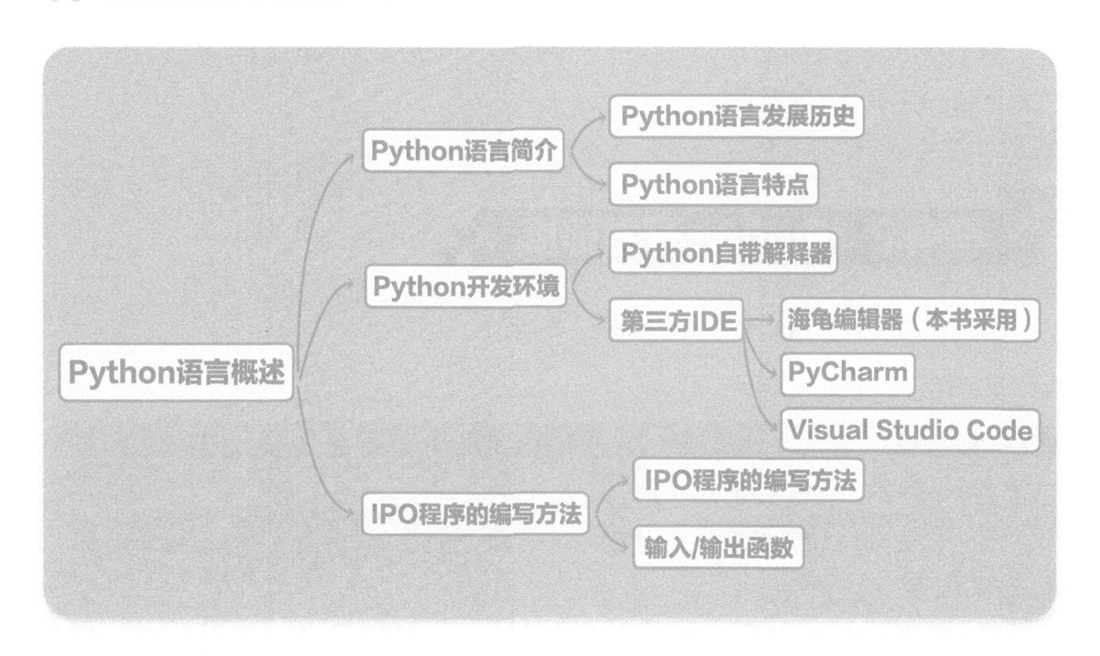

考点清单

考点1 Python 语言简介

本考点的考点评估和考查要求如表 1-1 所示。

表 1-1

考点评估		考查要求
重要程度	★☆☆☆☆	1. 了解 Python 语言发展史； 2. 掌握 Python 语言的特点
难度	★☆☆☆☆	
考查题型	选择题	

1. Python 语言发展历史

Python 语言的创始人是吉多·范罗苏姆（Guido van Rossum）。1989 年圣诞节期间，吉多在阿姆斯特丹利用圣诞节的闲暇时间，决心开发一个新的脚本解释程序 Python，以作为 ABC 语言的一种继承。

Python 目前共有 Python 2.x 和 Python 3.x 两种版本。本书采用的是 Python 3.6 版本。

2. Python 语言特点

Python 语言的设计哲学是“优雅”“明确”“简单”。Python 语言具有简单、开发速度快和容易学习等特点。

考点2 Python 开发环境

本考点的考点评估和考查要求如表 1-2 所示。

表 1-2

考点评估		考查要求
重要程度	★★☆☆☆	1. 了解几种常见的 Python 开发环境； 2. 熟练掌握一种 Python 开发环境的使用
难度	★☆☆☆☆	
考查题型	选择题	

1. Python 自带解释器

Python 是解释型编程语言，执行 Python 语言程序需要一个解释器。图 1-1 所示为 Python 官方自带的解释器 Shell。

图 1-1

2. 第三方 IDE

除了 Python 官方自带的解释器之外，还有很多常用的第三方集成开发环境（Integrated Development Environments，IDE），常见的有海龟编辑器、PyCharm 和 Visual Studio Code。

本书采用的是海龟编辑器。

（1）下载

海龟编辑器的下载途径如图 1-2 所示。

（2）安装

图 1-3 所示为海龟编辑器的安装包，双击安装包进行程序的安装。

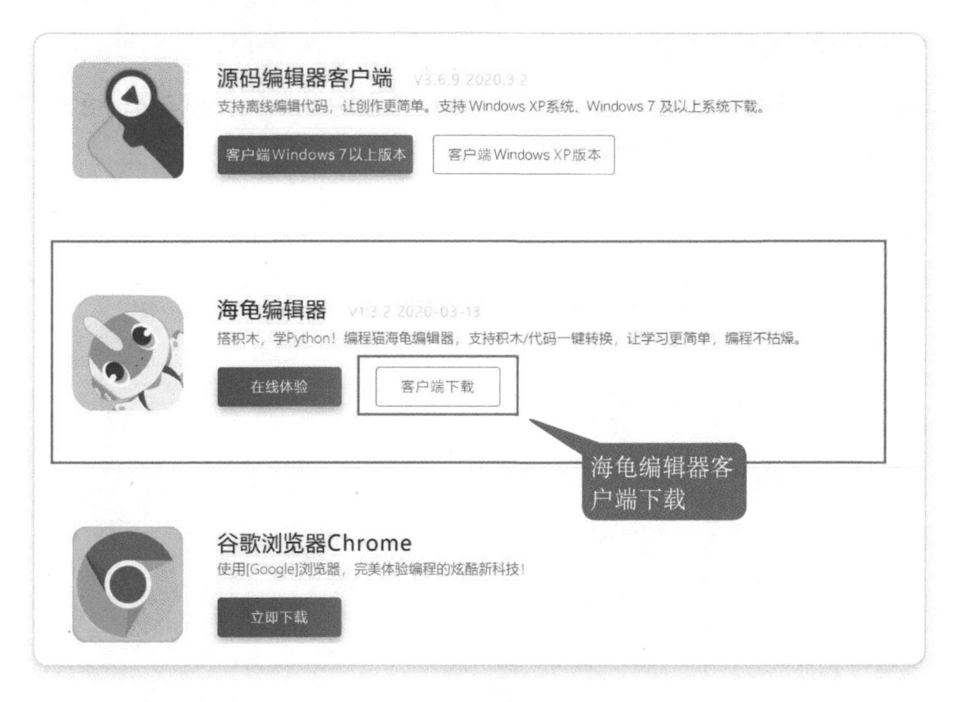

图 1-2

海龟编辑器x64-1.3.2.exe 2020/3/17 14:02 应用程序 143,692 KB

图 1-3

海龟编辑器的主界面如图 1-4 所示。

图 1-4

（3）编写程序

如图 1-5 所示，在海龟编辑器上编写第一个程序：打印“Hello world”。单击“运行”按钮，在“控制台”输出程序运行结果。

图　1-5

考点 3　IPO 程序的编写方法

本考点的考点评估和考查要求如表 1-3 所示。

表　1-3

考点评估		考查要求
重要程度	★★★☆☆	掌握 IPO 程序的编写方法
难度	★☆☆☆☆	
考查题型	选择题	

1．IPO 程序的编写方法

IPO（input-process-output）程序的编写方法是每个程序都需要具备的模式，即输入数据、处理数据和输出数据。

输入（input）是一个程序的开始。例如，在计算一个正方形的面积时，需要输入正方形的边长；在比较两个人的身高时，需要输入两个人的身高。

处理（process）是程序对输入数据进行计算产生结果的过程。例如，在计算正方形面积时，需要将边长代入公式进行计算；在比较两个人的身高时，需要将数据进行比较运算。

输出（output）是程序展示运行成果的方式。例如，输出计算所得的正方形面积；输出比较两个人身高的结果。

2. 输入 / 输出函数

常用的输入 / 输出函数如表 1-4 所示。

表 1-4

函　　数	描　　述
input()	接收一个标准输入数据
print()	用于打印输出

（1）input() 函数

① input() 函数的格式

```
input([prompt])
```

其中，[prompt] 是可选参数，作为提示信息。

② input() 函数的示例

示例代码 1-1

```
a = input(" 请输入 :")
print(a)
```

运行程序后，输入 1，输出结果如图 1-6 所示。

图 1-6

（2）print() 函数

① print() 函数的格式

```
print(x)
```

② print() 函数的示例

示例代码 1-2

```
a = 666
print(a)
print("xxx")
print (100)
```

运行程序后，输出结果如图 1-7 所示。

```
控制台
666
xxx
100
程序运行结束
```

图　1-7

考点探秘

考题

下列选项中不属于 IPO 程序编写方法的是（　　）。

A．输入数据　　B．删改数据　　C．处理数据　　D．输出数据

※ 核心考点

考点 3：IPO 程序的编写方法。

※ 思路分析

此类题目考查的是 IPO 程序的基本概念，选项混淆性很强，需要仔细区分。

※ 考题解答

IPO（input-process-output）程序的编写方法是每个程序都需要具备的模式，即输入数据、处理数据和输出数据，不包含删改数据。因此，答案是 B 选项。

巩固练习

1．下列选项中不正确的是（　　）。

A．Python 是解释型编程语言

B．IPO 方法是指输入和输出

C．Python 语言具有简单、开发速度快和容易学习等特点

D．Python 语言的集成开发环境不唯一

2．能够在控制台输出“Hello world”语句的是（　　）。

A．print ("Hello world")

B．Hello world

C．Hello

D．print ("world")

Python的基础语法

语言都有一定的语法规则，编程也是一样。Python 编程语言中的语法规则是我们学习 Python 的基础。本专题将对这些内容进行讲解。

考查方向

能力考评方向

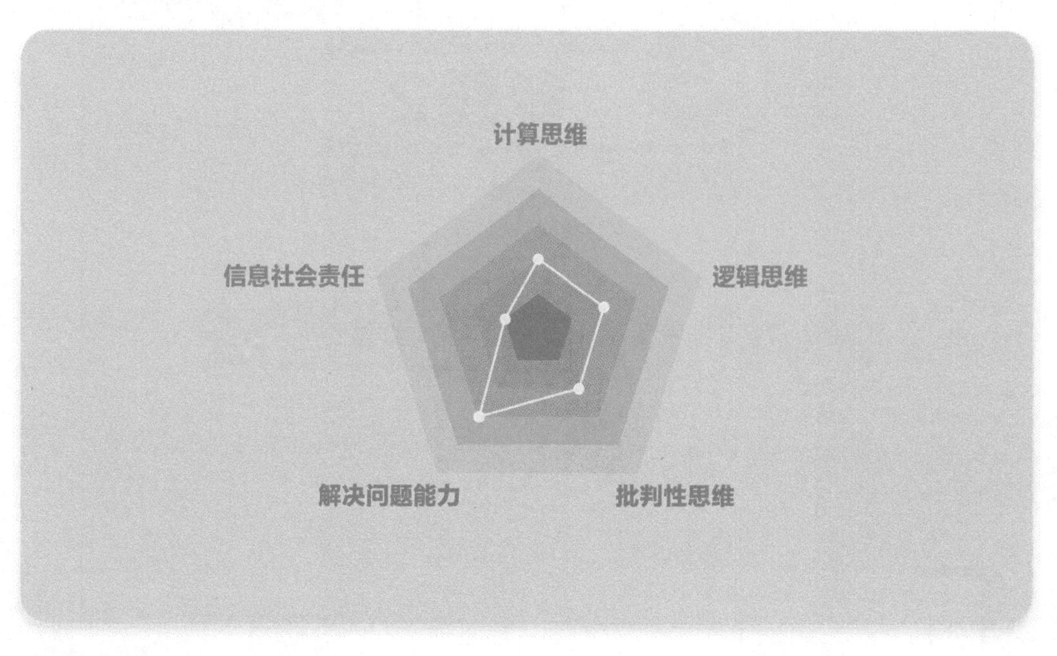

知识结构导图

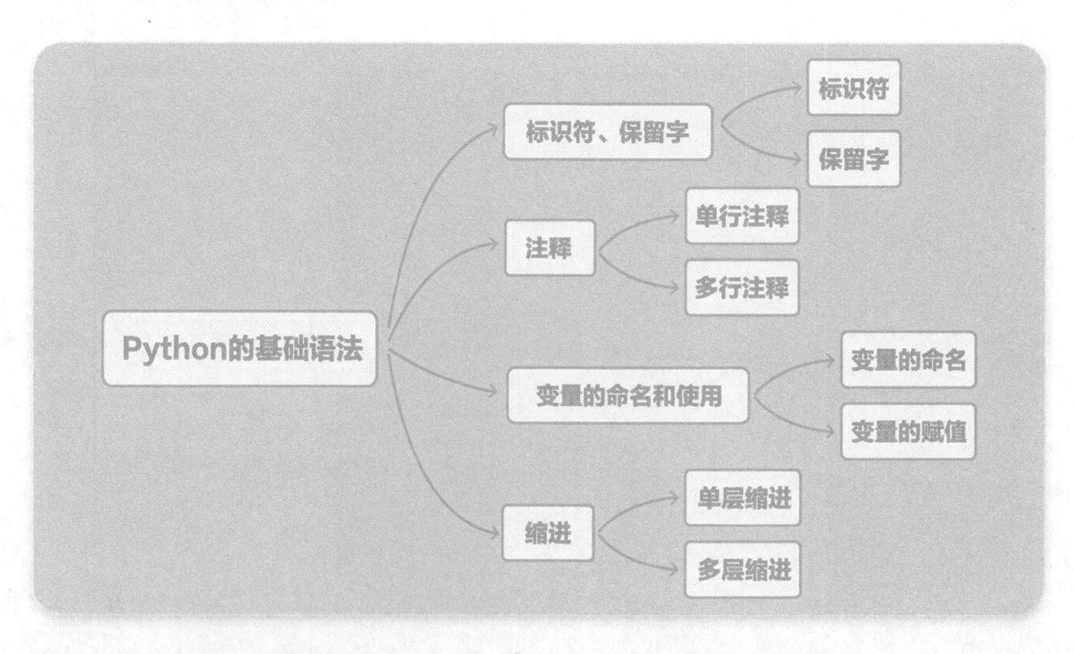

考点清单

考点 1 标识符、保留字

本考点的考点评估和考查要点如表 2-1 所示。

表 2-1

考点评估		考查要求
重要程度	★★☆☆☆	1．了解标识符、保留字的概念； 2．能够正确命名标识符； 3．能够分辨给定字符串是否为保留字
难度	★☆☆☆☆	
考查题型	选择题	

1．标识符

在 Python 语言中，需要为变量、函数等指定名字（命名），这些名字就是标识符。标识符的命名遵循以下规则。

（1）标识符可以由字符、下画线和数字组成，如图 2-1 所示。

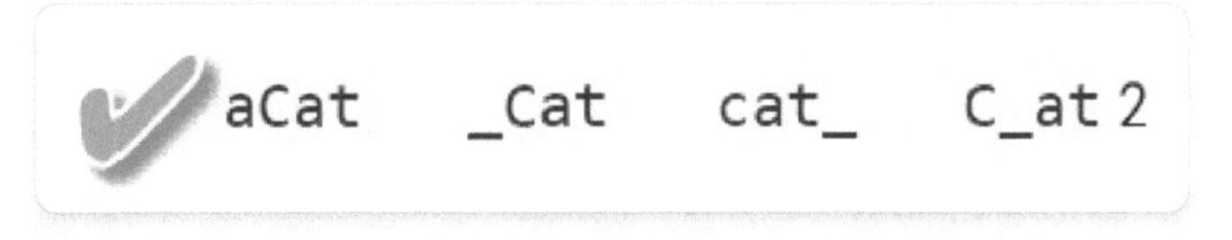

图 2-1

（2）第一个字符必须是英文字母或下画线，不能以数字开头，如图 2-2 所示。

（3）命名时需区分字母的大小写，字母的大小写不同则所代表的标识符也不同，如图 2-3 所示。

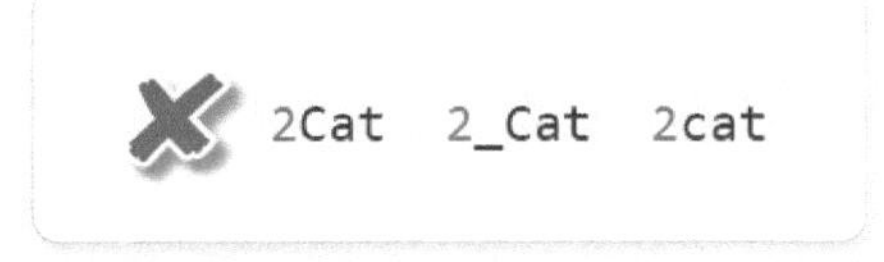

图 2-2

MYdog mydog

图 2-3

（4）不能使用保留字作为标识符。

（5）不能使用 Python 内置函数作为标识符，如 input、print 等。

(6) 标识符中间不能出现空格。

2. 保留字

保留字即关键字（keyword），是具有特定功能的字符串。Python 语言中共有以下 33 个保留字。

and	as	assert	break	class	continue	def
del	elif	else	except	finally	for	from
False	global	if	import	in	is	lambda
nonlocal	not	None	or	pass	raise	return
try	True	while	with	yield		

● 备考锦囊

① 熟记标识符不能以数字作为第一个字符。

②“关键字”和“保留字”是同一概念。

③ 熟记 Python 语言中的 33 个保留字。

考点 2 注释

本考点的考点评估和考查要求如表 2-2 所示。

表 2-2

考点评估		考查要求
重要程度	★☆☆☆☆	掌握注释的使用方法，能灵活选择不同方法进行注释
难度	★☆☆☆☆	
考查题型	选择题	

注释是在程序中加入的对代码的解释和说明。运行程序时，注释不被计算机执行。在 Python 语言中，注释分为单行注释和多行注释。

1. 单行注释

(1) 单行注释的格式

在 Python 语言中，单行注释以 # 开头，其格式如下：

```
# 打印字符串
```

（2）单行注释的示例

注释可单独写一行，也可写在代码后面。由于注释的内容不被计算机执行，所以控制台不显示注释内容。

示例代码 2-1

```
# 打印字符串
print("Hello, World")   # 打印 Hello, World
```

运行程序后，输出结果如图 2-4 所示。

图　2-4

2．多行注释

（1）多行注释的格式

在 Python 语言中多行注释可以用多个 # 开头，或以 ''' （3 个单引号）开头和结尾，也可以使用 """ （3 个双引号）开头和结尾。

多行注释的格式如下。

格式 1：

```
# 输入 a、b 的值，利用输入的值计算乘积
# 此行是注释，不被计算机执行
```

格式 2：

```
'''
输入 a、b 的值，利用输入的值计算乘积
此行是注释，不被计算机执行
'''
```

格式 3：

```
"""
输入 a、b 的值，利用输入的值计算乘积
```

```
此行是注释，不被计算机执行
"""
```

（2）多行注释的示例

下面列举 3 种多行注释的方式。

示例代码 2-2

```
# 输入 a、b 的值，利用输入的值计算乘积
# 此行是注释，不被计算机执行
'''
输入 a、b 的值，利用输入的值计算乘积
此行是注释，不被计算机执行
'''
a = int(input(" 输入第一个数 "))
b = int(input(" 输入第二个数 "))
value = a*b
print(value)
"""
输入 a、b 的值，利用输入的值计算乘积
此行是注释，不被计算机执行
"""
```

运行程序后，依次输入 3 和 5，输出结果如图 2-5 所示。

```
控制台
输入第一个数3
输入第二个数5
15
程序运行结束
```

图　2-5

备考锦囊

使用注释有以下一些约定俗成的规则。

① 同一个程序中，注释的格式尽量统一。

② 注释不仅可以标注代码的作用，也可以标注编程的思路。

③ 复杂代码中一定要合理添加注释。

考点 3　变量的命名和使用

本考点的考点评估和考查要求如表 2-3 所示。

表　2-3

考点评估		考查要求
重要程度	★★★☆☆	1. 理解变量的概念； 2. 掌握变量命名和赋值的基本方法
难度	★★☆☆☆	
考查题型	选择题、操作题	

1. 变量的命名

在 Python 语言中，创建变量时不需要为它指定数据类型，只要给一个名字（标识符）赋值就可以创建一个变量。变量的命名遵循标识符的命名规则。

2. 变量的赋值

在 Python 语言中，赋值用“=”表示，将“=”右侧的数值或计算结果赋给左侧的变量，这样的语句称为赋值语句。

（1）变量赋值的格式

```
a = 99
```

（2）变量赋值的示例

可以为变量赋予不同类型的数值，如整数、浮点数、变量和字符串等。

示例代码 2-3

```
t = 1
a = 3.14
b = a
code = "Hello, world"
print(t)
print(a)
print(b)
print(code)
```

运行程序后，输出结果如图 2-6 所示。

```
控制台
1
3.14
3.14
Hello, world
程序运行结束
```

图　2-6

● 备考锦囊

① 变量可以被多次赋值。

② 注意变量的命名规则遵循标识符命名规则，数字不可作为变量名的第一个字符。

考点4　缩进

本考点的考点评估和考查要求如表 2-4 所示。

表　2-4

考点评估		考查要求
重要程度	★★☆☆☆	掌握语句编写的基本规则，理解缩进的作用并掌握缩进的使用
难度	★★☆☆☆	
考查题型	选择题、操作题	

代码的缩进表示代码之间的包含和层次关系。可以使用键盘上的 Tab 键实现缩进，也可以使用 4 个空格实现缩进。缩进分为单层缩进和多层缩进。

1. 单层缩进

单层缩进是指所编写的程序中只包含一层缩进。

(1) 单层缩进的格式

```
if <条件>:
    语句块1
else:
```

```
语句块 2
```

（2）单层缩进的示例

示例代码 2-4

```
a = int(input("请输入一个正整数："))
if a>3:
    print("a>3")
    print("你输入的是",a)
else:
    print("a<3")
```

若输入的值为 5，运行程序后，输出结果如图 2-7 所示。

```
控制台
请输入一个正整数：5
a>3
你输入的是 5
程序运行结束
```

图　2-7

若输入的值为 1，运行程序后，输出结果如图 2-8 所示。

```
控制台
请输入一个正整数：1
a<3
程序运行结束
```

图　2-8

2．多层缩进

（1）多层缩进的格式

多层缩进表示代码的多层嵌套关系，3 种程序结构可以相互嵌套。分支结构的嵌套格式如下：

```
if <>:
    if <>:
        语句块 1
    else：
        语句块 2
else：
    if <>:
        语句块 3
    else：
        语句块 4
```

(2) 多层缩进的示例

示例代码 2-5

```
sex = input("请输入性别(男/女):")
age = int(input("请输入年龄(1～120):"))
if sex == "男":
    if age >= 22:
        print("已达到合法结婚年龄")
    else:
        print("未达到合法结婚年龄")
else:
    if age >= 20:
        print("已达到合法结婚年龄")
    else:
        print("未达到合法结婚年龄")
```

若输入男、25，运行程序后，输出结果如图 2-9 所示。

图 2-9

若输入女、13，运行程序后，输出结果如图 2-10 所示。

```
控制台
请输入性别(男/女):女
请输入年龄(1~120):13
未达到合法结婚年龄
程序运行结束
```

图　2-10

● 备考锦囊

① 编写程序时，应注意代码之间的层次关系，正确使用缩进，确保程序的正确性。

② 缩进常用于选择结构和循环结构。

考点探秘

考题 1

下列选项中不属于 Python 语言中保留字的是（　　）。

A．False　　B．if　　C．static　　D．for

※ 核心考点

考点 1：标识符、保留字。

※ 思路分析

本题需要考生熟记 Python 语言中的 33 个保留字。

※ 考题解答

False、if、for 为 Python 语言中的保留字，而 static 不是保留字，所以本题选择 C 选项。

※ 举一反三

下列选项中属于 Python 语言中关键字的是（　　）。

A．Today　　B．geomerty　　C．while　　D．Physics

考题 2

（真题 • 2019.12）在 Python 语言中，进行注释的方法不包括（　　）。

A．# 这是注释，使用 # 号

B．"""

　这是注释，使用 3 个双引号

　"""

C．%

　这是注释，使用百分号

　%

D．'''

　这是注释，使用 3 个单引号

　'''

※ 核心考点

考点 2：注释。

※ 思路分析

本题需要考生熟记注释的方法。

※ 考题解答

C 选项使用 % 开头和结尾，不符合 Python 语言中注释的使用方式，所以选择 C 选项。

考题 3

（真题 • 2019.12）以下选项中不符合 Python 语言变量命名规则的是（　　）。

A．xyz　　B．5_five　　C．_a123　　D．Cat

※ 核心考点

考点 3：变量的命名和使用。

※ 思路分析

本题需要考生熟记变量命名的规则：变量的命名可以使用大写字母、小写字母、数字、下画线等字符及其相互组合，但变量名的首字母不能是数字且变量名中间不能有空格。

※ 考题解答

本题中只有 B 选项使用 5 作为变量名的第一个字符，不符合变量的命名方式，所以选择 B 选项。

※ 举一反三

下列选项中不符合 Python 语言变量命名规则的是（　　）。

A．Hello_World　　B．picture　　C．my_book　　D．2c

巩固练习

按照下列要求编写一个程序：

（1）创建两个变量 x 和 y；

（2）将 3.14 和 5.20 分别赋值给变量 x、y；

（3）创建变量 z，并将 x+y 的值赋给 z；

（4）打印变量 z。

运算符和数据类型

阿短的妈妈给了阿短 20 元钱，让他去便利店买 2 瓶矿泉水、4 本笔记本、2 根棒棒糖（单价分别为 1.5 元、3 元、0.5 元）。请问：阿短的妈妈给的钱够吗？

我们可以用 Python 轻松地计算出结果。实际上，Python 可以帮助我们解决更复杂的问题。本专题，我们一起来探究 Python 中的数据和运算。

考查方向

能力考评方向

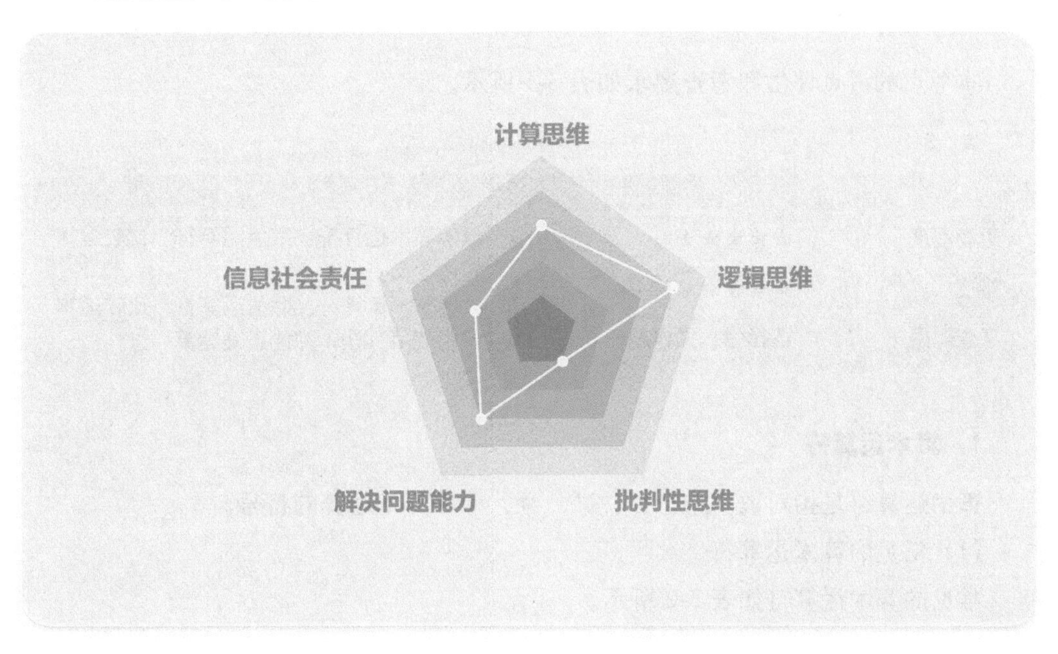

知识结构导图

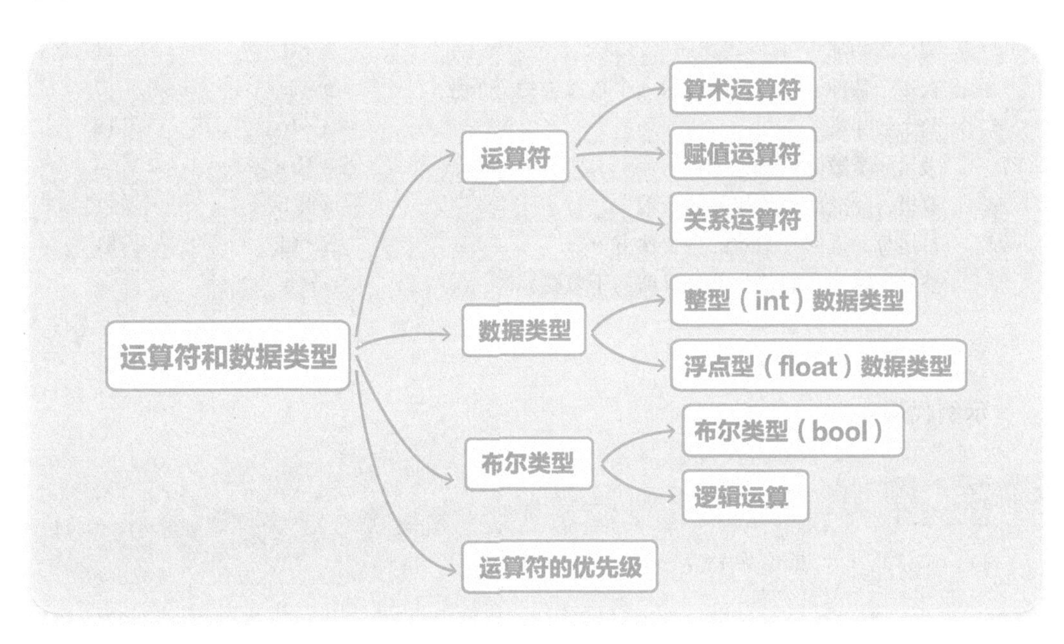

考点清单

考点1 运算符

本考点的考点评估和考查要求如表 3-1 所示。

表 3-1

考点评估		考查要求
重要程度	★★★★★	1. 理解算术运算符、赋值运算符、比较运算符的含义； 2. 掌握算术运算符、赋值运算符、比较运算符的使用方法，并能正确运算
难度	★★★☆☆	
考查题型	选择题、操作题	

1. 算术运算符

算术运算符是指对数值进行加、减、乘、除等算术运算的符号。

（1）常见的算术运算符

常见的算术运算符如表 3-2 所示。

表 3-2

运算符	描　述	实例（a 的值为 9，b 的值为 2）	运算结果
+	两个数相加	a + b	11
−	在一个数前表示负数或表示一个数减去另一个数	a − b	7
*	两个数相乘	a * b	18
/	表示一个数除以另一个数	a / b	4.5
%	取模，返回两个数相除的余数	a % b	1
**	幂运算，返回一个数的多少次方	a ** b	81
//	整除，返回商的整数部分（商向下取整）	a // b	4

（2）算术运算符的示例

示例代码 3-1

```
a, b, c = 9, 2, 0
c = a + b
print("1 - c 的值为：", c)
```

```
c = a - b
print("2 - c 的值为：", c)
c = a * b
print("3 - c 的值为：", c)
c = a / b
print("4 - c 的值为：", c)
c = a % b
print("5 - c 的值为：", c)
c = a**b
print("6 - c 的值为：", c)
c = a//b
print("7 - c 的值为：", c)
```

运行程序后，输出结果如图 3-1 所示。

```
控制台
1 - c 的值为： 11
2 - c 的值为： 7
3 - c 的值为： 18
4 - c 的值为： 4.5
5 - c 的值为： 1
6 - c 的值为： 81
7 - c 的值为： 4
程序运行结束
```

图　3-1

备考锦囊

① 取整运算（//）是指向下取接近商的整数，如图 3-2 所示。

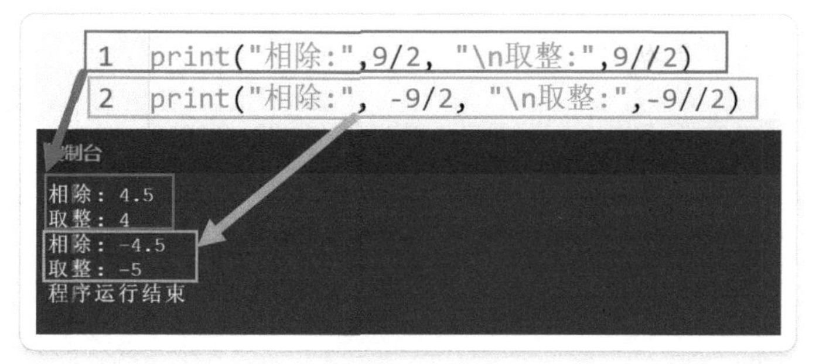

图　3-2

② Python 内置函数 pow(x,y) 也可以进行幂运算，其中参数 x 表示底数，y 表示幂指数，例如 pow(2,3) 等价于 2**3。

2. 赋值运算符

赋值运算符（=）用来完成赋值运算，将“=”右侧的数值或计算结果赋给左侧的变量。

（1）常见的赋值运算符

常见的赋值运算符如表 3-3 所示。

表 3-3

运 算 符	描 述	实 例
=	简单赋值运算	c = a+b
+=	加法赋值运算	c += b 等价于 c = c + b
－=	减法赋值运算	c －= b 等价于 c = c －b
*=	乘法赋值运算	c *= b 等价于 c = c * b
/=	除法赋值运算	c /= b 等价于 c = c / b
%=	取模赋值运算	c %= b 等价于 c = c % b
//=	除法取整赋值运算	c //= b 等价于 c = c // b
**=	幂赋值运算	c **= b 等价于 c = c ** b

（2）赋值运算符的示例

示例代码 3-2

```
# 注意每次赋值后 c 的值的改变
a, b, c = 9, 2, 0
c = a + b
print('1 - c 的值为：', c)
c += b
print('2 - c 的值为：', c)
c = (c*b)
print('3 - c 的值为：', c)
c = (c/b)
print('4 - c 的值为：', c)      # 除运算后输出的值为浮点型
c = 3                           # 重新给 c 赋值
c = (c%b)
print('5 - c 的值为：', c)
c = (c**b)
print('6 - c 的值为：', c)
```

```
c //= b
print('7 - c 的值为：', c)
```

运行程序后，输出结果如图 3-3 所示。

```
控制台
1 - c 的值为：  11
2 - c 的值为：  13
3 - c 的值为：  26
4 - c 的值为：  13.0
5 - c 的值为：  1
6 - c 的值为：  1
7 - c 的值为：  0
程序运行结束
```

图　3-3

3．关系运算符

关系运算符也称为比较运算符，用于对变量或表达式进行比较。如果比较结果为真，返回 True ；如果为假，则返回 False。关系运算表达式通常用在条件语句中作为判断条件。

（1）常见的关系运算符

常见的关系运算符如表 3-4 所示。

表　3-4

运算符	描　　述	实例（a 的值为 9，b 的值为 2）	结果
==	比较两个变量是否相等	a == b	False
!=	比较两个变量是否不相等	a != b	True
>	比较一个数是否大于另一个数	a>b	True
<	比较一个数是否小于另一个数	a > b	False
>=	比较一个数是否大于或等于另一个数	a >= b	True
<=	比较一个数是否小于或等于另一个数	a <= b	False

（2）关系运算符的示例

示例代码 3-3

```
a,b = 9,2
print("a == b 输出的结果为：", a == b)
```

```
print("a != b 输出的结果为：", a != b)
print("a > b 输出的结果为：", a > b)
print("a < b 输出的结果为：", a < b)
print("a >= b 输出的结果为：", a >= b)
print("a <= b 输出的结果为：", a <= b)
```

运行程序后，输出结果如图 3-4 所示。

```
控制台
a == b输出的结果为： False
a != b输出的结果为： True
a > b输出的结果为： True
a < b输出的结果为： False
a >= b输出的结果为： True
a <= b输出的结果为： False
程序运行结束
```

图 3-4

备考锦囊

赋值运算符中的“=”是将“=”右侧的值赋值给左侧的变量。关系运算符中的“= =”用于比较“= =”左、右两侧值的大小是否相等。

本考点的考点评估和考查要求如表 3-5 所示。

表 3-5

考点评估		考查要求
重要程度	★★★☆☆	1．掌握整型（int）和浮点型（float）两种数据类型的表示方法； 2．能够熟练完成各进制间的转换
难度	★☆☆☆☆	
考查题型	选择题、操作题	

1．整型（int）数据类型

整型数据类型用来表示整数数值（没有小数部分），包括正整数、负整数和 0。

整型数据类型包括二进制整数、八进制整数、十进制整数和十六进制整数。

（1）二进制整数。二进制整数由 0 和 1 两个数组成，进位规则为“逢二进一”，以 0b 或 0B 开头，如 111 转换为十进制数为 7。

（2）八进制整数。八进制整数由 0 ~ 7 组成，进位规则为“逢八进一”，以 0o 或 0O 开头，如 0o122 转换为十进制数为 82。

（3）十进制整数。十进制整数由 0 ~ 9 组成，进位规则为“逢十进一”。

（4）十六进制整数。十六进制整数由 0 ~ 9 和 A ~ F 组成，进位规则为“逢十六进一”，以 0x 或 0X 开头，如 0x122 转换为十进制数为 290。

示例代码 3-4

```
print(0b111)       # 二进制整数
print(0o122)       # 八进制整数
print(122)         # 十进制整数
print(0x122)       # 十六进制整数
```

运行程序后，输出结果如图 3-5 所示。

```
控制台
7
82
122
290
程序运行结束
```

图　3-5

2．浮点型（float）数据类型

浮点型数据类型由整数部分与小数部分组成，如 3.14、–6.68。浮点型数据类型也可以使用科学计数法表示，如 2.5e2、–6.66e5。

示例代码 3-5

```
print(3.14)
print(-6.66e5)
```

运行程序后，输出结果如图 3-6 所示。

```
控制台
3.14
-666000.0
程序运行结束
```

图 3-6

● 备考锦囊

Python 语言中的 round(x[,n]) 函数可以对浮点数 x 进行四舍五入，并保留 *n* 位小数。例如 print(round(3.1415926, 2)) 的输出结果为 3.14。

本考点的考点评估和考查要求如表 3-6 所示。

表 3-6

考点评估		考查要求
重要程度	★★★☆☆	1．理解布尔类型的返回值含义； 2．掌握逻辑运算符的使用方法，并能进行正确运算
难度	★☆☆☆☆	
考查题型	选择题、操作题	

1．布尔类型（bool）

在 Python 语言中，布尔类型只有真值和假值，真值使用 True 表示，假值使用 False 表示。另外，布尔值也可以表示为数值，如 True 表示 1，False 表示 0。

示例代码 3-6

```
a = 10
b = 11
print(a>b)
print(a<b)
```

运行程序后，输出结果如图 3-7 所示。

图　3-7

2. 逻辑运算

逻辑运算是对真和假两种布尔值进行运算，运算后的结果仍为一个布尔值。

（1）逻辑运算符的用法

逻辑运算符的用法和说明如表 3-7 所示。

表　3-7

运算符	逻辑表达式	描述	结　　果
and	x and y	“与”运算	x 和 y 同时为 True，则结果为 True；否则，结果为 False
or	x or y	“或”运算	x 和 y 同时为 False，则结果为 False；否则，结果为 True
not	not x	“非”运算	与 x 取反，即 x 为 True，则 not x 为 False；x 为 False，则 not x 为 True

（2）逻辑运算符的示例

示例代码 3-7

```
a = 10
b = 5
print(a<b or a>b )
print(a<b and a>b)
print(not(a != b))
```

运行程序后，输出结果如图 3-8 所示。

```
控制台
True
False
False
程序运行结束
```

图　3-8

考点 4 运算符的优先级

本考点的考点评估和考查要求如表 3-8 所示。

表 3-8

考点评估		考查要求
重要程度	★★★☆☆	1．理解运算符优先级的概念； 2．能够判断表达式中运算符的优先级并进行正确运算
难度	★☆☆☆☆	
考查题型	选择题	

运算符的优先级是指哪一个运算符先计算，哪一个运算符后计算，类似于算术运算中的“先乘除，后加减”。运算符的运算规则是：优先级高的先执行，优先级低的后执行，统一优先级的操作按照从左至右的顺序执行；如果有括号，括号内的运算最先执行。

运算符的优先级由高到低如表 3-9 所示，同一行中的运算符具有相同的优先级。

表 3-9

运 算 符	描 述
**	算术运算符——幂运算
*、/ 、%、//	算术运算符——乘、除、取模、取整除
+、–	算术运算符——加、减
<、<=、>、>=、== 、!=	关系运算符
not	逻辑运算符——非运算
and	逻辑运算符——与运算
or	逻辑运算符——或运算

考点探秘

考题 1

（真题 • 2019.12）运行下列代码，输出的结果是（ ）。

```
print(124 + 3.0)
```

专题 3

A．127　　B．127.0　　C．154　　D．程序有误，输出错误

※ 核心考点

考点 1：运算符。

考点 2：数据类型。

※ 思路分析

此类题目考查的是不同数据类型的运算。一个整型数据与一个浮点型数据做加法运算，结果应为浮点型数据。

※ 考题解答

题干要输出 124+3.0 的返回值，其中 124 为整型，3.0 为浮点型，二者加法运算后，得到的值为 127.0。因此，答案是 B 选项。

※ 举一反三

运行下列代码，输入

```
5
```

则输出的结果是（　　）。

```
a = input('请输入一个整数')
a = int(a) + 5
print(a)
```

A．1　　B．5　　C．10　　D．10.0

考题 2

（真题 • 2019.12）执行下面的代码后，x 的值为（　　）。

```
x = 3
x *= 6
print(x)
```

A．3　　B．6　　C．9　　D．18

※ 核心考点

考点 1：运算符。

※ 思路分析

此类题目考查的是 *=、+=、－=、/= 赋值运算符的用法。

※ 考题解答

题干中 x 先被赋值为 3，接着 x *= 6 等价于 x = x * 6，那么 x 的值为 3*6=18。因此，答案是 D 选项。

考题 3

（真题·2019.12）下列代码的输出结果依次是（　　）。

```
print(3 == 5 or 4>2)
print(5 >= 5 and 6>5)
```

A．True，False　　B．True，True　　C．False，False　　D．False，True

※ 核心考点

考点 1：运算符。

考点 3：布尔类型。

※ 思路分析

此类题目考查的是关系运算符和逻辑运算符的使用。

※ 考题解答

3 == 5 or 4>2 中的两个关系运算表达式前者为 False 后者为 True，“或”运算遵循“一真即真”的原则，所以结果为 True；5>= 5 and 6>5 中的两个关系运算表达式均为 True，所以“与”运算结果为 True。因此，答案是 B 选项。

※ 举一反三

运行下列代码，输出结果是（　　）。

```
print(1<=2,2==3)
```

A．None　　B．False, False　　C．False, True　　D．True, False

考题 4

运行下列 Python 程序，输入任意的数字，使程序都能判断其为正数、零或者负数。例如，输入 3.1415926，输出为正数。下面代码中的下画线应填写（　　）。

```
num = _____(input(" 输入一个数字： "))
if num>0:
    print(" 正数 ")
elif num == 0:
    print(" 零 ")
else：
    print(" 负数 ")
```

A．int　　B．list　　C．len　　D．float

※ 核心考点

考点 1：运算符。

考点 2：数据类型。

※ 思路分析

对于此类题目，首先需要认真读题，分析题干要求和代码逻辑。

※ 考题解答

int() 函数将数据转换成整型数据类型，list() 将数据转换成列表，float() 函数将数据转换成浮点型数据类型。

题目中要求输入任意数字，并给出举例 3.1415926，包括整数部分和小数部分，可以使用 float() 函数将 input() 输入的字符串内容转换成浮点数。因此，答案是 D 选项。

巩固练习

1．运行下列代码，输出结果是（　　）。

```
print("a"<= "b")
```

A. None　　B. True　　C. False　　D. 都是错误的

2. 用户依次输入

```
1
30
```

则输出结果是（　　）。

```
a = int(input('摄氏度 → 华氏度请按1\n华氏度 → 摄氏度请按2\n'))
while a != 1 and a != 2:
      a = int(input('输入错误重新输入。\n摄氏度 → 华氏度请按1\n华氏度 →
            摄氏度请按2\n'))
if a == 1:
     c = float(input('输入摄氏度:'))
     f = (c*1.8)+32                    #计算华氏度
     print('%.1f摄氏度转换为华氏度为%.1f' %(c,f))
else:
     f = float(input('输入华氏度:'))
     c = (f - 32)/1.8                  #计算摄氏度
     print('%.1f华氏度转换为摄氏度为%.1f' %(f,c))
```

A. 30.0华氏度转换为摄氏度为-1.1

B. 30.0摄氏度转换为华氏度为86.0

C. 无限循环

D. 程序出错

3. 执行下列程序，输出的结果是（　　）。

```
print (100 - 25 * 3 % 4)
```

A. 1　　B. 97　　C. 25　　D. 0

字符串类型

我们在生活或学习中，经常接触到中文、英文字母和阿拉伯数字，我们将它们统称作文字。在 Python 语言中，字符串由数字、字母、下画线、汉字等组成，它是最常用的数据类型之一。

本专题，我们将从字符串的表示、运算、常用方法和格式化四个方面，对字符串进行解析。

考查方向

能力考评方向

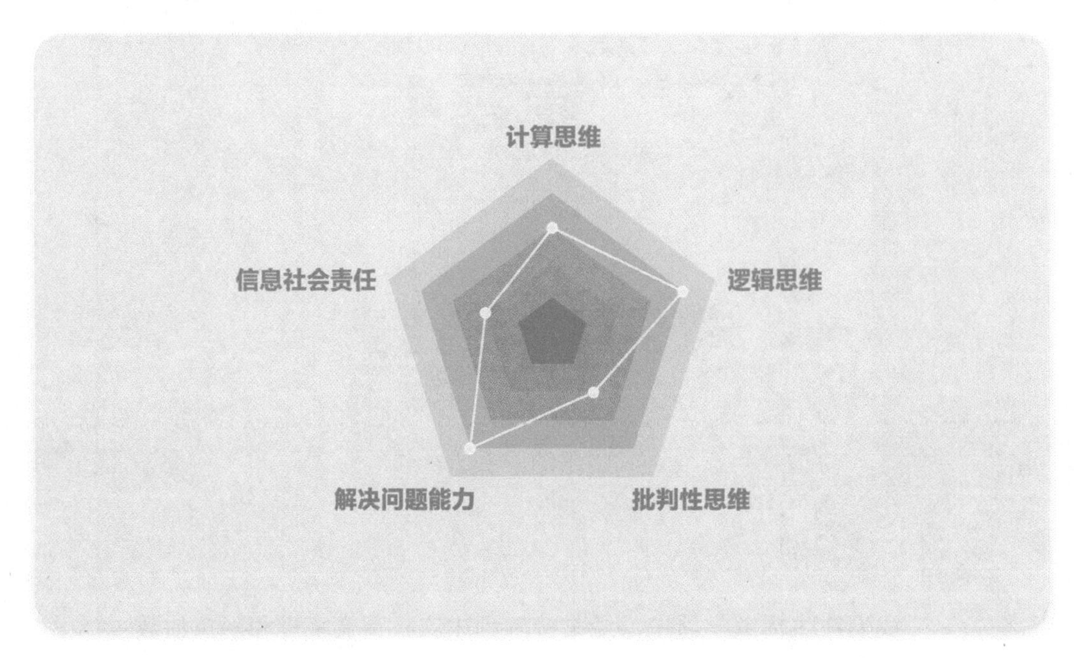

知识结构导图

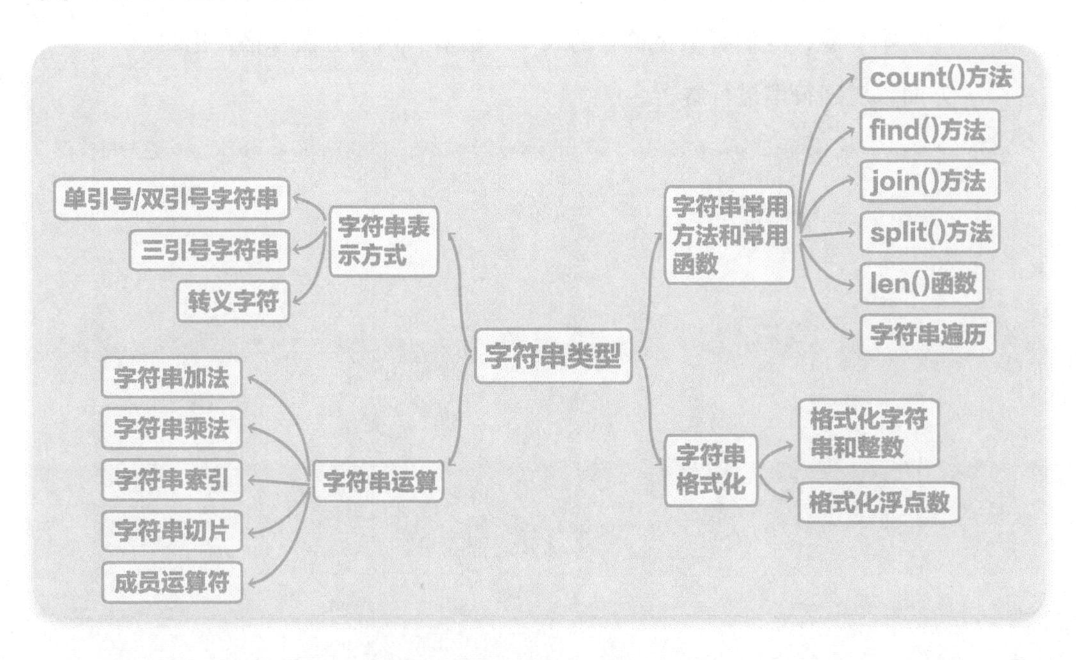

考点清单

本考点的考点评估和考查要求如表 4-1 所示。

表　4-1

考点评估		考查要求
重要程度	★★★★★	1．掌握字符串表示的形式； 2．能够根据不同场景，运用不同方式表示字符串
难度	★☆☆☆☆	
考查题型	选择题、操作题	

1．单引号 / 双引号字符串

在 Python 语言中，一般使用一对单引号或一对双引号表示字符串。

（1）字符串的格式

```
s1 = '字符串'
s2 = "字符串"
```

（2）字符串输出的示例

分别创建两个字符串，内容为“Hello Python!”并打印到屏幕上。

示例代码 4-1

```
s1 = 'Hello Python!'
s2 = "Hello Python!"
print(s1)
print(s2)
```

运行程序后，输出结果如图 4-1 所示。

```
控制台
Hello Python!
Hello Python!
程序运行结束
```

图　4-1

2. 三引号字符串

使用三引号可以表示多行字符串。

(1) 三引号字符串表示形式

① 使用 3 个单引号表示字符串：

```
s1 ='''3 个单引号
3 个单引号'''
```

② 使用 3 个双引号表示字符串：

```
s2 = """ 3 个双引号
3 个双引号"""
```

(2) 三引号字符串输出示例

示例代码 4-2

```
s1 = '''Hello Python!
Hello Python!'''
s2 = """Hello Python!
Hello Python!"""
print(s1)
print(s2)
```

运行程序后，输出结果如图 4-2 所示。

```
控制台
Hello Python!
Hello Python!
Hello Python!
Hello Python!
程序运行结束
```

图 4-2

3. 转义字符

在 Python 语言中，将具有特殊含义的字符（如引号、反斜杠）或无法被键盘录入的字符（如换行、回车）以反斜杠“\”开头的字符序列进行表示，这种字符序列叫作转义字符。

(1) 常用的转义字符

常用的转义字符及其含义如表 4-2 所示。

表 4-2

转义字符	含义
\'	单引号
\"	双引号
\\	反斜杠
\r	回车符
\n	换行符

(2) 转义字符输出示例

用转义字符表示换行字符串。

示例代码 4-3

```
s1 = 'Python 中使用 "\\" 对字符进行转义,\n 例如：换行使用转义字符 "\\n" 表示。'
print(s1)
```

运行程序后，输出结果如图 4-3 所示。

```
控制台
Python中使用"\"对字符进行转义,
例如：换行使用转义字符"\n"表示。
程序运行结束
```

图 4-3

备考锦囊

表示字符串时需要注意以下两点。

① 符号格式必须是英文半角符号。

② 引号必须成对出现。

考点 2　字符串运算

本考点的考点评估和考查要求如表 4-3 所示。

表　4-3

考点评估		考查要求
重要程度	★★★★★	1．掌握字符串的加法和乘法的运算规则； 2．理解索引的含义，掌握获取指定字符或字符串的方法； 3．具备合理使用字符串运算的能力
难度	★★★☆☆	
考查题型	选择题、操作题	

Python 语言中一些常用的字符串运算符及其含义如表 4-4 所示。

表　4-4

运算符	描　　述
+	字符串连接
*	重复输出字符串
[]	通过索引获取字符串中的字符
[:]	截取字符串中的一部分，遵循左闭右开原则
in	成员运算符，如果字符串中包含给定的字符，则返回 True
not in	成员运算符，如果字符串中不包含给定的字符，则返回 True

1. 字符串加法

字符串与字符串之间用 + 连接，可以使两个或多个字符串生成一个新的字符串，也叫作字符串连接。

（1）字符串加法的格式

```
"字符串 1"+"字符串 2"
```

（2）字符串加法的示例

将字符串“Hello”与字符串“Python”连接并输出。

示例代码 4-4

```
a = 'Hello'
b = 'Python'
print(a+b)
```

运行程序后，输出结果如图 4-4 所示。

```
控制台
HelloPython
程序运行结束
```

图　4-4

2．字符串乘法

字符串与整数进行乘法运算，输出一个由原字符串重复组成的字符串。

（1）字符串乘法的格式

```
"字符串" * 整数
```

（2）字符串乘法的示例

将字符串“Hello”重复三遍并输出。

示例代码 4-5

```
s = 'Hello'
print(s*3)
```

运行程序后，输出结果如图 4-5 所示。

```
控制台
HelloHelloHello
程序运行结束
```

图　4-5

3．字符串索引

字符串索引是指字符串中每个字符对应的位置标号，通过索引可以访问（获取）字符串中的单个字符。索引分为正向索引和反向索引，正向索引值从 0 开始，反向索引值从 –1 开始，且索引值必须为整数。

例如，字符串 a= 'PYTHON'，其索引值如表 4-5 所示。

表 4-5

索　引	P	Y	T	H	O	N
正向索引	0	1	2	3	4	5
反向索引	−6	−5	−4	−3	−2	−1

（1）通过索引获取字符串中指定字符的方法

```
str="字符串"
str[index]
```

其中，index 为索引值。

（2）通过索引获取字符串中指定字符的示例

使用索引获取字符串“Hello Python!”中的“y”字符并输出。

示例代码 4-6

```
s = 'Hello Python!'
print(s[7])
print(s[-6])
```

运行程序后，输出结果如图 4-6 所示。

图　4-6

4. 字符串切片

在编程中，经常会遇到需要截取字符串中的某些部分的情况，切片方法是专门用于实现这一目标的有力武器。切片可以通过索引访问（截取）字符串中指定区间内的子字符串。

（1）字符串切片的格式

```
str="字符串"
str[start:end:step]
```

① start：起始索引，取值时包含该索引，如果省略起始索引，则代表从 0 开始，如 a[:4]。

② end：结束索引，取值时不包含该索引，如果省略结束索引，则代表到字符串末尾结束，如 a[2:]。

③ step：步长，即每 step 个字符取出一个字符，如果省略，则代表步长是 1。

（2）字符串切片的示例

使用切片方法获取字符串“Hello Python!”中的子字符串“Python”。

示例代码 4-7

```
s = 'Hello Python!'
print(s[6:12])
print(s[6:-1])
print(s[-7:-1])
```

以上提供了三种不同的切片方法来获取子字符串“Python”。运行程序后，输出结果如图 4-7 所示。

```
控制台
Python
Python
Python
程序运行结束
```

图　4-7

5．成员运算符

成员运算符可用于检测字符串中是否包含指定的字符，一般用于分支和循环结构中的条件判断。用“in”或“not in”进行检测，返回的结果为布尔值 True 或 False。

分别使用 in 和 not in 判断字符串“Hello Python!”中是否包含字符串“h”和“ab”并输出判断结果。

示例代码 4-8

```
s = 'Hello Python!'
print('h' in s)
print('h' not in s)
print('ab' in s)
print('ab' not in s)
```

字符串“h”在“Hello Python!”中，字符串“ab”不在“Hello Python!”中。运行程序后，输出结果如图 4-8 所示。

图 4-8

● 备考锦囊

① 两个或多个字符串使用“+”连接时，形成的新字符串中，各子字符串之间的连接处没有任何间隔字符。

② 字符串只能与整数进行乘法。当字符串与小于或等于 0 的整数相乘时，得到一个空字符串。

③ 正向索引的第一个字符索引为 0，反向索引的第一个字符索引为 -1。

④ 字符串切片遵循左闭右开原则。例如，str[0:2] 是不包含第 3 个字符的。

考点 3　字符串常用方法和常用函数

本考点的考点评估和考查要求如表 4-6 所示。

表　4-6

考点评估		考查要求
重要程度	★★★★☆	1．掌握几种字符串的常用方法，包括子字符串的查找，统计数量、位置、长度； 2．能够结合字符串常用方法解决简单问题
难度	★★★★☆	
考查题型	选择题、操作题	

Python 语言中常用的字符串内置方法与函数如表 4-7 所示。

表　4-7

方法与函数	描　　述
count()	统计子字符串在字符串中出现的次数
find()	检查子字符串在字符串中的索引位置
join()	将序列中的元素以指定的字符连接生成一个新的字符串

续表

方法与函数	描　述
split()	指定分隔字符串对字符串进行拆分，并将拆分的结果以列表的形式返回
len()	统计字符串的长度

1. count() 方法

count() 方法用于统计子字符串在字符串指定的搜索范围内出现的次数。

（1）count() 方法的格式

```
str.count(sub, start, end)
```

各选项说明如下。

① str：字符串。

② sub：子字符串。

③ start：字符串指定搜索范围的开始索引，如果省略开始索引，则代表从字符串开头开始。

④ end：字符串指定搜索范围的结束索引（不包含结束索引），如果省略结束索引，则代表到字符串结尾结束。

（2）count() 方法的示例

统计字符“o”在字符串“Hello Python!”和子字符串“Hello”中出现的次数。

示例代码 4-9

```
s = 'Hello Python!'
sub = 'o'
print(s.count(sub))
print(s.count(sub,0,5))
```

运行程序后，输出结果如图 4-9 所示。

```
控制台
2
1
程序运行结束
```

图 4-9

2. find() 方法

find() 方法用于检查子字符串在字符串中的位置，如果子字符串在指定的搜索范围内被找到，则返回找到的最小索引值，否则返回 – 1。

（1）find() 方法的格式

```
str.find(sub,start,end)
```

各选项说明如下。

① str：字符串。

② sub：子字符串。

③ start：字符串指定搜索范围的开始索引，如果省略开始索引，则代表从字符串开头开始。

④ end：字符串指定搜索范围的结束索引，如果省略结束索引，则代表到字符串结尾结束。

（2）find() 方法的示例

使用 find() 方法检查子字符串“Python”在字符串“Hello Python!”中的位置。

示例代码 4-10


```
s = 'Hello Python!'
sub = 'Python'
print(s.find(sub))
```

运行程序后，输出结果图 4-10 所示。

图 4-10

3. join() 方法

join() 方法用于将可迭代对象中的元素以指定的字符串作为分隔符，连接生成一个新的字符串。该可迭代对象只能包含字符串类型的元素。

（1）join() 方法的格式

```
str.join(iterable)
```

各选项说明如下。

① str：用字符串 str 分隔可迭代对象 iterable。

② iterable：可迭代对象（能够使用 for 循环遍历的对象，如字符串、列表等）。

（2）join() 方法的示例

用字符串“-”作为分隔符，分隔字符串“Hello”。

示例代码 4-11

```
a = '-'
b = 'Hello'
print(a.join(b))
```

运行程序后，结果如图 4-11 所示。

```
控制台
H-e-l-l-o
程序运行结束
```

图　4-11

4．split() 方法

split() 方法以指定的分隔符对字符串进行拆分，并将拆分的结果以列表的形式返回。

（1）split() 方法的格式

```
str.split(sep, maxsplit=-1)
```

各选项说明如下。

① sep：分隔符，若不指定分隔符（默认 sep），则默认分隔符为全部空字符，包括空格、换行（\n）、制表符（\t）等。

② maxsplit：最多拆分次数，如果省略，则默认值为 –1，代表不限制拆分次数。

（2）split() 方法的示例

示例 1：用“o”作为分隔符，对字符串“Hello Python!”进行拆分。

示例代码 4-12

```
s = 'Hello Python!'
print(s.split('o'))
```

运行程序后，输出结果如图 4-12 所示。

```
控制台
[' Hell', ' Pyth', 'n! ']
程序运行结束
```

图 4-12

示例 2：分别以字母“o”“l”和一个空格“ ”作为分隔符，使用 split() 方法将字符串“Hello \n Python!”拆分成列表。

示例代码 4-13

```
s = ' Hello \n Python! '
print(s.split('o'))
print(s.split('l'))
print(s.split())
```

运行程序后，输出结果如图 4-13 所示。


```
控制台
[' Hell', ' \n Pyth', 'n! ']
[' He', '', 'o \n Python! ']
['Hello', 'Python!']
程序运行结束
```

图 4-13

5. len() 函数

len() 函数是 Python 内置函数，可用于计算字符串的长度，也可用于计算列表、元组等的长度或元素个数。

（1）len() 函数的格式

```
len(str)
```

（2）len() 函数的示例

计算字符串“Hello Python!”的长度。

示例代码 4-14

```
s = 'Hello Python!'
print(len(s))
```

运行程序后，输出结果如图 4-14 所示。

图　4-14

6．字符串遍历

Python 语言中使用 for 循环实现遍历。for 循环遍历字符串主要有以下两种方法。

（1）for 循环直接遍历字符串

使用 for 循环遍历字符串“Hello Python!”并依次输出字符串中的每个字符。

示例代码 4-15

```
s = 'Hello Python!'
for i in s:
    print(i)
```

运行程序后，输出结果如图 4-15 所示。

```
控制台
H
e
l
l
o
 
P
y
t
h
o
n
!
程序运行结束
```

图　4-15

（2）for 循环结合 range()、len() 函数，通过索引遍历字符串

通过索引遍历字符串“Hello Python!”并依次输出字符串中的每个字符。

示例代码 4-16

```
s = 'Hello Python!'
for i in range(len(s)):
    print(s[i])
```

运行程序后，输出结果如图 4-16 所示。

图 4-16

考点 4 字符串格式化

本考点的考点评估和考查要求如表 4-8 所示。

表 4-8

考点评估		考查要求
重要程度	★★★★☆	认识三种常用的字符串格式化符号，并掌握其用法
难度	★★☆☆☆	
考查题型	选择题	

字符串的格式化也叫作字符串的插值运算，是将一个值插入另一个含有转换标记符“%”的字符串中。“%”用于在字符串中标记转换符的位置，待插入的值放入一个序列中。Python 语言中一些常用的转换符及对应的格式符如表 4-9 所示。

表 4-9

转换符	描述	格式符	描述
s	字符串	%s	格式化字符串
d	十进制整数	%d	格式化整数
f	十进制浮点数	%f	格式化浮点数

1. 格式化字符串和整数

print() 函数可以使用格式化转换符号“%”对各种类型的数据进行格式化输出。

(1) 格式化输出的格式

```
print('一个包含 n 个格式符的字符串 ' %(a1,a2,…,an))
```

(2) 格式化输出的示例

格式化输出字符串的示例如下。

示例代码 4-17

```
print('我的 %s 期末成绩是 %d 分。' % ('Python 编程', 98))
```

运行程序后，输出结果如图 4-17 所示。

```
控制台
我的Python编程期末成绩是98分。
程序运行结束
```

图　4-17

2. 格式化浮点数

格式化浮点数可以设置输出的浮点数精度（小数位数），表示形式为“%.nf”（n 为精度），不指定精度时默认的精确度为 6。

(1) 格式化浮点数输出的格式

```
print('%.nf' %(a,))
```

各选项说明如下。

① n：精度，n 表示保留几位小数。

② a：需要格式化的数字。

(2) 格式化浮点数输出的示例

输入一个整数，输出该数字对应的精度为 4 的浮点数。

示例代码 4-18

```
a = int(input('输入一个整数：'))
print('%.4f' % (a,))
```

若输入 a 的值为 5，运行程序后，输出结果如图 4-18 所示。

```
控制台
输入一个整数：5
5.0000
程序运行结束
```

图　4-18

考点探秘

考题 1

（真题・2019.12）字符串的连接是一种对字符串处理的方法。下列程序是字符串连接的一种用法，执行程序得到的结果是（　　）。

```
a = "Code"
b = "Python"
print("a + b 输出结果：", a + b)
```

A．Code+Python

B．CodePython

C．a + b 输出结果：Code+Python

D．a + b 输出结果：CodePython

※ 核心考点

考点 2：字符串运算。

※ 思路分析

print() 函数用逗号隔开了两个需要打印的值，第一个是字符串，即引号内的内容；第二个是 a+b 的值，即两个字符串的拼接。

※ 考题解答

依题干中的程序可知，print() 函数输出的第一个值是“a+b 输出结果：”；第二个值是 CodePython；两个值中间有一个空格。因此，答案是 D 选项。

※ 考法剖析

字符串的运算中，加法和乘法是经常涉及的考查点。

※ 举一反三

（真题・2019.12）运行下列代码，输出结果是（　　）。

```
a = '好好学习'
print(a*2)
```

A．好好好好学学习习　　　　B．好好学习好好学习
C．好好学习 2　　　　D．好好学习 *2

考题 2

（真题 • 2019.12）运行下列代码，输出结果是（　　）。

```
str = '秋江楚雁宿沙洲'
print(str[3:7])
```

A．雁宿沙洲　　　　B．楚雁宿沙洲
C．雁宿沙　　　　D．楚雁宿沙

※ 核心考点

考点 2：字符串运算。

※ 思路分析

字符串切片的规则是左闭右开，即设置的范围中包含起点不包含终点，且字符串正向索引从 0 开始。

※ 考题解答

题目中 str[3:7] 是从索引为 3 的字符开始取，一直取到索引为 6 的字符，得出的结果为：雁宿沙洲。因此，答案是 A 选项。

※ 考法剖析

字符串的索引和切片经常放在一起考查。索引标记了字符串中元素的位置，正向索引从 0 开始往右递增，反向索引从 –1 开始往左递减。

※ 举一反三

（真题 • 2019.12）运行下列代码，输出的结果是（　　）。

```
str1 = "我爱你我的祖国"
print(str1[1] + str1[-1])
```

A．我国　　B．爱你我的祖国　　C．爱国　　D．我爱国

考题 3

（真题 • 2019.12）请编写一个程序：输入一个字符串，输出字符串中字母 a 的个数。

输入：

```
输入一个字符串
```

输出：

```
输出 a 的个数
```

输入样例：

```
abstract
```

输出样例：

```
2
```


※ 核心考点

考点 3：字符串常用方法和常用函数。

※ 思路分析

首先，用 input() 函数获取用户输入的字符串；其次，建立 for 循环遍历字符串；再次，在循环体中加入判断条件，进行计数统计；最后，完成后输入字符串并进行测试。

※ 考题解答

```
str1 = input()
b = 0
for i in str1:
    if i == 'a':
        b += 1
print(b)
```

前面讲解了两种 for 循环遍历字符串的方式，这里再提供一种新的解法。

```
str1 = input()
b = 0
```

```
for i in range (len(str1)):
    if i == 'a':
        b += 1
print(b)
```

考题 4

（真题 • 2019.12）运行下列代码，输入

```
小短
河南
```

则最终输出的结果是（　　）。

```
str1 = input("请输入一个人的名字：")
str2 = input("请输入一个省份：")
print("世界这么大，%s 想去 %s 看看。" % (str1, str2))
```

A．世界这么大，小短想去河南看看。

B．世界这么大，% 想去 % 看看。

C．世界这么大，% 想去 % 看看。%（小短，河南）

D．以上答案均不正确

※ 核心考点

考点 4：字符串格式化。

※ 思路分析

%s 表示有一个值（字符串）将插入这里。% 后面括号里的元素 str1 与前面的第一个 %s 对应，% 后面括号里的元素 str2 与前面的第二个 %s 对应。格式化输出的方式如下：

```
print('一个包含 n 个格式符的字符串' %(a1,a2,…,an))
```

※ 考题解答

在本题中，第一个 %s 对应 str1，即小短；第二个 %s 对应 str2，即河南；所以输出的结果为：世界这么大，小短想去河南看看。因此，答案是 A 选项。

※ 举一反三

下列代码实现了摄氏度与华氏度的换算。运行下列代码，输入 30C，则输出结果是（　　）。

```
a = input("输入温度值，例如 30C: ")
b = 1.8*float(a[0:-1]) + 32
print("%.1fF"%(b,))
```

A．86.0C　　B．86.0F　　C．86F　　D．86C

巩固练习

1．print() 函数是 Python 语言中最常用的内置函数之一，以下代码运行输出结果是（　　）。

```
print("\\n 是换行符，加入 \\n，后面的内容就会自动换行。\n 我们来试一下。")
```

A．\\n 是换行符，加入 \\n，后面的内容就会自动换行。\n 我们来试一下。

B．"\\n 是换行符，加入 \\n，后面的内容就会自动换行。\n 我们来试一下。"

C．是换行符，加入，后面的内容就会自动换行。\n 我们来试一下。

D．\n 是换行符，加入 \n，后面的内容就会自动换行。
　　我们来试一下。

2．运行下列代码，输出结果是（　　）。

```
s = 'aphyfaspypypvnepyndd'
sub = 'py'
print(s.count(sub,0,8))
```

A．0　　B．1　　C．2　　D．3

3．运行下列代码，输出结果是（　　）。

```
str = '两个黄鹂鸣翠柳，一行白鹭上青天'
print(str[1:10:2])
```

A．两黄鸣柳一　　B．个鹂翠，行

C．个黄鹂鸣翠柳，一行　　D．个鹂翠，

4. 运行下列代码，输出结果是（　　）。

```
s = 'aphyfasenpypvnepynedd'
if 'ne' in s:
    print(s.find('ne',0,12))
else:
    print(0)
```

A. 0　　　　B. 1　　　　C. 2　　　　D. −1

5. 运行下列代码，输出结果是（　　）。

```
lst = ["中", "国", "加", "油"]
s = ''.join(lst)
# 第 2 行的 '' 无空格，是空字符串
print(s)
```

A. 中，国，加，油　　　　B. 中 国 加 油

C. 中国加油　　　　D. 程序报错

6. 编写一个程序，查找出两个字符串中相同的字母。

输入：分两次输入一串不同的小写英文字符。

输出：依次输出两串英文字符中相同的字母。

输入样例：

```
asdghlkjgf
fhoub
```

输出样例：

```
h
f
```

7. 编写一个程序。

输入：用户一次输入若干整数，用空格隔开。

输出：依次输出这些整数（不限制数据类型）。

输入样例：

```
10 2 5 6
```

输出样例：

```
10
2
```

```
5
6
```

8．请编写一个程序。

输入：用户随机输入一串字符。

输出：输出该字符串的前半个子字符串。

注：若字符串中字符个数为奇数，将中间位置的字符划入前半个子字符串。

输入样例：

```
落霞与孤鹜齐飞，秋水共长天一色
```

输出样例：

```
落霞与孤鹜齐飞，
```

专题5

列　表

在购物前，通常会列一个清单，然后按照购物清单采购物品。Python 语言编程中也有这样的“清单”——列表。灵活使用列表能够提高编程效率。在本专题，我们一起来学习列表。

考查方向

能力考评方向

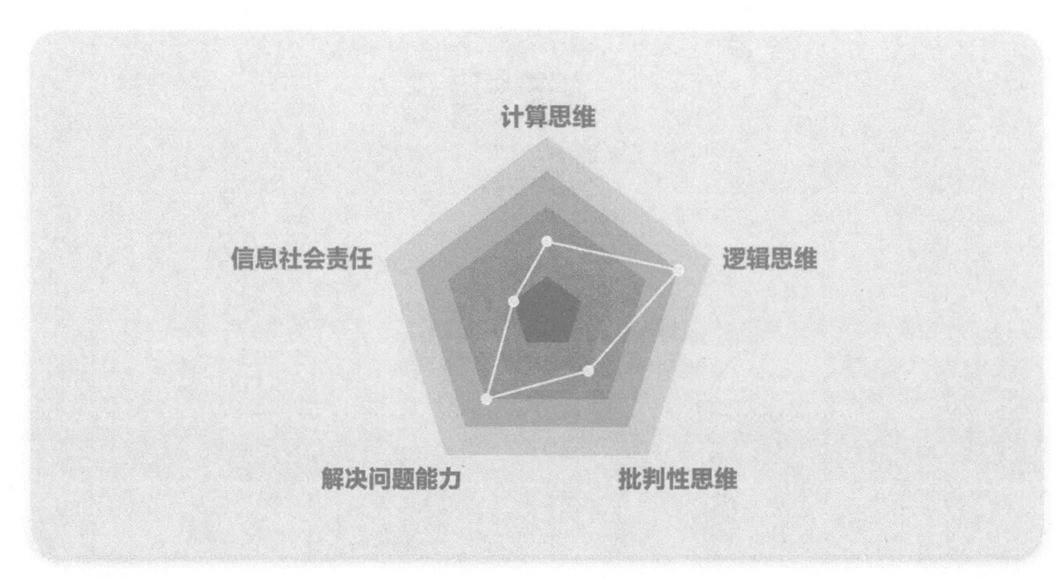

知识结构导图

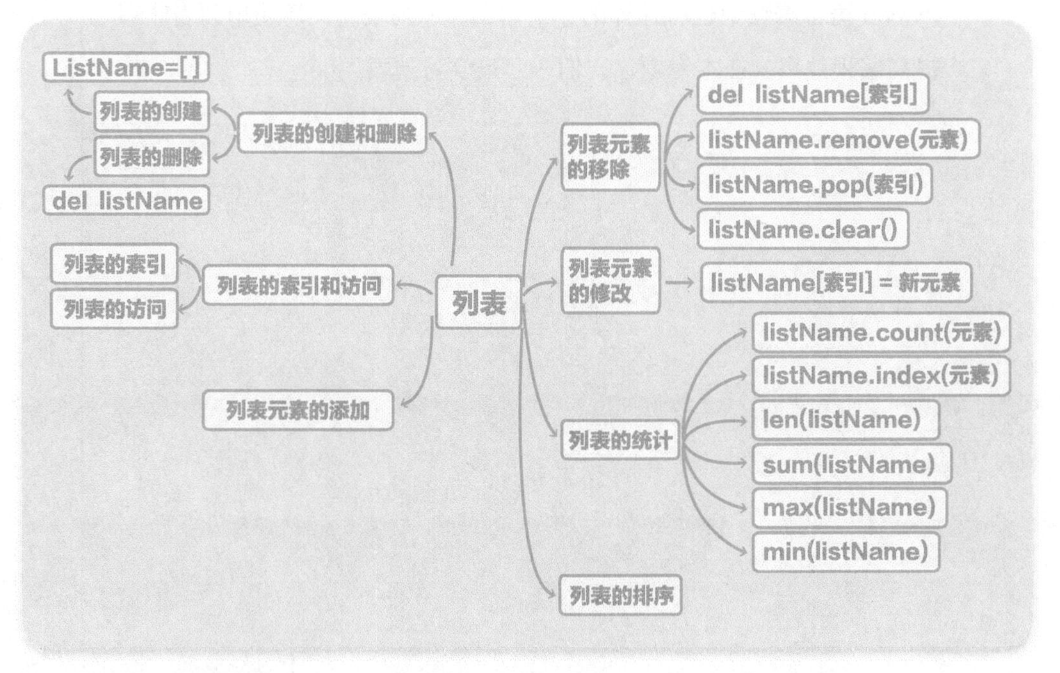

注：listName 为列表名，下同。

考点清单

考点1　列表的创建和删除

本考点的考点评估和考查要求如表5-1所示。

表　5-1

考点评估		考查要求
重要程度	★★★☆☆	掌握创建和删除列表的方法
难度	★☆☆☆☆	
考查题型	选择题、操作题	

1. 列表的创建

列表中的元素放置在“[]”中，两个相邻的元素之间使用“,”隔开。同一个列表中的元素可以为任何数据类型，如数值、字符串、列表等。

（1）创建列表的格式

```
listName = [元素1, 元素2, ...]
```

（2）创建列表的示例

列表中的元素可以是不同的数据类型，以下列举4种列表示例。

示例代码5-1

```
mylist1 = [10,20,30,40]
mylist2 = ['ten','twenty','thirty','fourty']
mylist3 = ['Python',3.14,5,'李白',[10,20]]
mylist4 = []              # 空列表
print(mylist1)
print(mylist2)
print(mylist3)
print(mylist4)
```

运行程序后，输出结果如图5-1所示。

```
控制台
[10, 20, 30, 40]
['ten', 'twenty', 'thirty', 'fourty']
['Python', 3.14, 5, '李白', [10, 20]]
[]
程序运行结束
```

图 5-1

2. 列表的删除

使用 del 语句可以删除列表。

(1) 删除列表的格式

```
del listName
```

(2) 删除列表的示例

使用 del 语句可以删除列表。

示例代码 5-2

```
team = ["火箭","湖人","开拓者","马刺"]
del team              # 删除列表 team
print(team)           # 打印时，无输出
```

运行后，程序报错，如图 5-2 所示。

```
控制台
Traceback (most recent call last):
  File "C:\Users\ADMINI~1\AppData\Local\Temp\codemao-sfA41j/temp.py", line 3, in <module>
    print(team)   # 打印时，无输出
NameError: name 'team' is not defined
程序运行结束
```

图 5-2

● **备考锦囊**

虽然列表中的元素可以是数值、字符串、列表等不同的数据类型，但是为了保证程序的可读性，列表中一般只放同一种数据类型的元素。

考点 2　列表的索引和访问

本考点的考点评估和考查要求如表 5-2 所示。

表　5-2

考点评估		考查要求
重要程度	★★★★☆	1．理解列表索引的概念； 2．掌握列表切片的方法； 3．掌握列表遍历访问的方法
难度	★★★☆☆	
考查题型	选择题、操作题	

1．列表的索引

列表中每个元素都有自己对应的序号，代表着元素在列表中的位置，这就是列表的索引。

（1）使用索引访问列表元素

索引的序号从 0 开始。其中，0 表示第一个元素，1 表示第二个元素，2 表示第三个元素，以此类推。

例如，list = ['P', 'Y', 'T', 'H', 'O', 'N'] 的列表索引如表 5-3 所示。

表　5-3

列表元素	P	Y	T	H	O	N
索引序号	0	1	2	3	4	5

（2）负数索引

列表还支持使用负数作为索引，索引的序号从 –1 开始。其中，–1 表示最后一个元素，–2 表示倒数第二个元素，–3 表示倒数第三个元素，以此类推。

例如，list = ['P', 'Y', 'T', 'H', 'O', 'N'] 的列表索引如表 5-4 所示。

表　5-4

列表元素	P	Y	T	H	O	N
索引序号	–6	–5	–4	–3	–2	–1

2．列表的访问

使用列表的索引，可以访问列表的元素。

（1）列表访问的格式

```
ListName[ 索引 ]
```

（2）列表访问的示例

根据不同的索引序号访问列表。

示例代码 5-3

```
mylist = ['L','O','V','E','C','H','I','N','A']
print(mylist[0])
print(mylist[1])
print(mylist[-1])
print(mylist[-2])
```

运行程序后，输出结果如图 5-3 所示。

图 5-3

考点 3　列表元素的添加

本考点的考点评估和考查要求如表 5-5 所示。

表 5-5

考点评估		考查要求
重要程度	★★★★☆	掌握添加列表元素的方法
难度	★★☆☆☆	
考查题型	选择题、操作题	

在列表中添加元素的方法有 3 种，如表 5-6 所示。

表 5-6

方　法	描　述
append()	在列表末尾追加单个元素
extend()	在列表末尾追加一个新列表的内容
insert()	在列表指定索引位置插入一个新元素

1. 列表元素添加的格式

```
listName.append(新元素)
listName.extend(新列表)
listName.insert(索引,新元素)
```

2. 列表元素添加的示例

(1) 在列表末尾追加单个元素

示例代码 5-4

```
grade = ['A','B','D']
grade.append('E')
print(grade)
```

运行程序后，输出结果如图 5-4 所示。

```
控制台
['A', 'B', 'D', 'E']
程序运行结束
```

图 5-4

(2) 在列表末尾追加另一个列表

示例代码 5-5

```
grade1 = ['A','B','D']
grade2 = ['E','F']
grade1.extend(grade2)
print(grade1)
```

运行程序后，输出结果如图 5-5 所示。

```
控制台
['A', 'B', 'D', 'E', 'F']
程序运行结束
```

图 5-5

(3) 在列表指定索引位置插入一个新元素

示例代码 5-6


```
grade = ['A','B','D']
grade.insert(2,'C')
print(grade)
```

运行程序后，输出结果如图 5-6 所示。

```
控制台
['A', 'B', 'C', 'D']
程序运行结束
```

图 5-6

考点 4 列表元素的移除

本考点的考点评估和考查要求如表 5-7 所示。

表 5-7

考点评估		考查要求
重要程度	★★★☆☆	1. 掌握 4 种列表元素移除的方法； 2. 区分列表移除方法的不同作用，并能灵活选用
难度	★★☆☆☆	
考查题型	选择题	

移除列表元素的方法有 4 种，如表 5-8 所示。

表　5-8

方　　法	描　　述
del	删除列表中指定索引位置的数据
remove( )	移除列表中某个值的第一个匹配项
pop( )	移除列表中指定索引位置的元素后返回该元素的值
clear( )	清空列表中的所有元素

1. 列表元素移除的格式

```
del listName[ 索引 ]
listName.remove( 元素 )
listName.pop( 索引 )
listName.clear()
```


2. 列表元素移除的示例

（1）删除列表中指定索引位置的数据

示例代码 5-7

```
list = ['a','b','c','d']
del list[1]          # 删除索引位置的元素
print(list)
```

运行程序后，输出结果如图 5-7 所示。

```
控制台
['a', 'c', 'd']
程序运行结束
```

图　5-7

（2）移除列表中某个值的第一个匹配项

示例代码 5-8

```
list = ['a', 'b', 'c', 'd','c','d']
list.remove('d') # 移除第一个为 d 的元素
print(list)
```

运行程序后，输出结果如图 5-8 所示。

```
控制台
['a', 'b', 'c', 'c', 'd']
程序运行结束
```

图 5-8

（3）移除列表中指定索引位置的元素后返回该元素的值

示例代码 5-9

```
list = ['a', 'b', 'c', 'd', 'c', 'd']
print(list.pop(2))        # 移除索引号为 2 的元素
print(list.pop())         # 若无参数，则移除的是列表中最后一个元素
print(list)
```

运行程序后，输出结果如图 5-9 所示。

```
控制台
c
d
['a', 'b', 'd', 'c']
程序运行结束
```

图 5-9

（4）清空列表中的所有元素

示例代码 5-10

```
list = ['a', 'b', 'c', 'd', 'c', 'd']
list.clear()          # 清空列表中的所有元素
print(list)
```

运行程序后，输出结果如图 5-10 所示。

```
控制台
[]
程序运行结束
```

图 5-10

● 备考锦囊

① 使用 remove( ) 方法时，移除的是列表中某个值的第一个匹配项，并非所有匹配项。

② remove( ) 方法和 pop( ) 方法都可以移除列表中的某项元素，pop( ) 方法有返回值，而 remove( ) 方法没有返回值

考点 5　列表元素的修改

本考点的考点评估和考查要求如表 5-9 所示。

表　5-9

考点评估		考查要求
重要程度	★★★☆☆	1. 理解列表元素修改的含义； 2. 掌握列表元素修改的方法
难度	★☆☆☆☆	
考查题型	选择题	

列表中元素的修改可以通过索引获取该元素，然后再为其重新赋值。

1. 列表元素修改的格式

```
listName[索引] = 新元素
```

2. 列表元素修改的示例

通过指定索引位置修改列表元素。

示例代码 5-11

```
list = ['90','100','87']
list[0] = 92        # 将列表中的 90 修改成 92
print(list)
```

运行程序后，输出结果如图 5-11 所示。

```
控制台
[92, '100', '87']
程序运行结束
```

图 5-11

考点6 列表的统计

本考点的考点评估和考查要求如表 5-10 所示。

表 5-10

考点评估		考查要求
重要程度	★★★★☆	1. 掌握列表的常用方法，如 count、index ； 2. 掌握 len()、sum()、max() 和 min() 函数的使用
难度	★★★☆☆	
考查题型	选择题、操作题	

Python 语言中有很多方法和函数可以对列表进行处理，例如统计特定元素出现的次数、列表的长度、列表中所有元素的和、列表中的最大元素或最小元素，如表 5-11 所示。

表 5-11

方法或函数	描　述
count()	返回列表中指定元素出现的次数
index()	返回列表中指定元素首次出现的索引
len()	返回列表长度数值
sum()	返回列表中所有元素的和
max()	返回列表中最大的元素
min()	返回列表中最小的元素

1. 列表统计的格式

```
listName.count(元素)
listName.index(元素)
len(listName)
sum(listName)
```

```
max(listName)
min(listName)
```

2．列表统计的示例

(1) 给定列表，返回列表中特定元素出现的次数及返回列表中指定元素首次出现的索引。

示例代码 5-12

```
list = [1,2,3,4,4,4,3,2,1]
print(list.count(3))  # 返回列表中元素出现的次数
print(list.index(2))  # 返回列表中指定元素首次出现的索引
```

运行程序后，输出结果如图 5-12 所示。

```
控制台
2
1
程序运行结束
```

图 5-12

(2) 给定列表，返回列表长度数值和返回列表中所有元素的和。

示例代码 5-13

```
list = [1, 2, 3, 4, 4, 4, 3, 2, 1]
print(len(list))  # 返回列表长度数值
print(sum(list))  # 返回列表中所有元素的和
```

运行程序后，输出结果如图 5-13 所示。

```
控制台
9
24
程序运行结束
```

图 5-13

(3) 给定列表，返回列表中最大的元素和最小的元素。

示例代码 5-14

```
list = [1, 2, 3, 4, 4, 4, 3, 2, 1]
print(max(list))  # 返回列表中最大的元素
print(min(list))  # 返回列表中最小的元素
```

运行程序后，输出结果如图 5-14 所示。

图 5-14

考点 7 列表的排序

本考点的考点评估和考查要求如表 5-12 所示。

表 5-12

考点评估		考查要求
重要程度	★★★☆☆	掌握列表元素排序的方法
难度	★★★☆☆	
考查题型	选择题	

列表提供了一种方法用于对原列表中的元素进行排序，如表 5-13 所示。

表 5-13

方　法	描　述
sort()	对列表元素进行排序

1. 列表排序的格式

```
listName.sort(key = None, reverse = False)
```

各选项说明如下。

① listName：要进行排序的列表名。

② key：表示指定从每个元素中提取一个用于比较的键，一般使用默认值

None。

③ reverse：可选参数，值为 True 表示降序，值为 False 表示升序，如果省略，则默认值为 False。

2. 列表排序的示例

给定列表，对列表进行升序和降序的排序。

示例代码 5-15

```
grade = [100,92,90,98,77,89,99,95,100,82]
grade.sort()                          # 升序
print(grade)
grade.sort(reverse=True)              # 降序
print(grade)
```

运行程序后，输出结果如图 5-15 所示。

```
控制台
[77, 82, 89, 90, 92, 95, 98, 99, 100, 100]
[100, 100, 99, 98, 95, 92, 90, 89, 82, 77]
程序运行结束
```

图　5-15

● 备考锦囊

使用 sort() 方法时，首先要掌握 sort() 方法的语法结构，其次要知道 sort() 方法无返回值。

考点探秘

考题 1

（真题 • 2019.12）运行下列代码，输出结果是（　　）。

```
list = ['西瓜', '荔枝', '哈密瓜', '杧果', '榴梿']
print(list[1], list[-1])
```

A. 西瓜 杧果　　B. 西瓜 榴梿　　C. 荔枝 杧果　　D. 荔枝 榴梿

※ 核心考点

考点 2：列表的索引和访问。

※ 思路分析

由上述代码可知，list 列表有 5 项，需要输出索引号为 1 和 –1 的两个元素。列表中第一项的索引号为 0，索引号为 1 的元素即 list 列表中的第二项；索引号为 –1 即是列表中的最后一项。

※ 考题解答

list[1] 的索引为 1，指代的是列表中的第二项元素荔枝；list[-1] 索引为 –1，指代的是列表中的最后一个元素榴梿。程序最终输出的内容为荔枝 榴梿。因此，答案是 D 选项。

考题 2

（真题 • 2019.12）运行下列代码，输出结果是（　　）。

```
str = ''
for i in ['a','b','c','d']:
    str = str + i
print(str)
```

A. a b c d　　B. abcd　　C. a+b+c+d　　D. ['a','b','c','d']

※ 核心考点

考点 2：列表的索引和访问。

※ 思路分析

此题考查的是列表索引和字符串拼接的方法。将列表元素依次赋值给 i，i 的值通过赋值运算依次添加到字符串 str 中，最后输出 str 的值。

※ 考题解答

题目中使用 for 循环遍历了列表 ['a','b','c','d']，取出列表中的每一个元素，通过加号与定义的 str 拼接在一起，得到的结果是 'abcd'。需要注意的是加号的作用是无缝拼接（不产生空格），输出时并不显示。因此，答案是 B 选项。

※ 考法剖析

列表的遍历方法主要有以下三种。

示例 1：

示例代码 5-16

```
str = ''
list1 = ['a','b','c','d']
for i in list1:
  str = str + i
print(str)
```

运行程序后，输出结果如图 5-16 所示。

```
控制台
abcd
程序运行结束
```

图　5-16

示例 2：

示例代码 5-17

```
str = ''
list1 = ['a','b','c','d']
for i in range (len(list1)):
    str = str + list1[i]
print(str)
```

运行程序后，输出结果如图 5-17 所示。

图 5-17

示例 3：使用 range() 函数的遍历方法获取列表等差数列项，例如需获取列表的奇数项的元素。

示例代码 5-18

```
str = ''
list1 = ['a','b','c','d']
for i in range (1,len(list1),2):
    str = str + list1[i]
print(str)
```

运行程序后，输出结果如图 5-18 所示。

图 5-18

考题 3

（真题 • 2019.12）运行下列代码，输出结果是（　　）。

```
list1 = ['北京', '上海', '广州']
list1.append('深圳')
print(list1)
```

A. ['深圳','北京','上海','广州']

B. ['北京','深圳','上海','广州']

C．['北京','上海','深圳','广州']

D．['北京','上海','广州','深圳']

※ 核心考点

考点 3：列表元素的添加。

※ 思路分析

列表元素的添加，首先分析使用的方法是追加元素还是插入元素；接着观察输出的内容，有些题目可能会出现 print("list1 的值是：",list1)，需注意此类题目中的陷阱。

※ 考题解答

可以使用 append() 方法将“深圳”追加到列表 list1 的最后。执行程序，“深圳”被放置在列表 list1 最后一个元素的位置，前面 3 个元素的位置不变。因此，答案是 D 选项。

※ 举一反三

运行下列代码，输出结果是（　　）。

```
list1 = ['Google', 'Runoob', 'Taobao']
list1.insert(2, 'Baidu')
print(list1)
```

A．['Baidu','Google', 'Runoob', 'Taobao']

B．['Google','Baidu', 'Runoob', 'Taobao']

C．['Google', 'Runoob', 'Baidu','Taobao']

D．['Google', 'Runoob', 'Taobao','Baidu']

考题 4

运行下列代码，输出结果是（　　）。

```
list = [1, 2, 3, 4]
print(list.remove(3), lst.pop(2))
```

A．4 3　　B．None 4　　C．4 [1, 2, 3]　　D．[1, 2, 4] [1, 2]

※ 核心考点

考点 4：列表元素的移除。

※ 思路分析

此题除了考虑使用 remove() 和 pop() 方法移除的是哪个元素外，还需要考虑两种方法是否有返回值才能得出正确答案。

※ 考题解答

remove() 方法是没有返回值的，因此 list.remove(3) 打印出来是 None。使用 remove() 方法移除索引号为 3 的元素后，列表为 [1,2,4]，再使用 pop() 方法，移除的是索引号为 2 的元素并返回该元素的值，则返回值为 4。因此，答案是 B 选项。

※ 考法剖析

当 remove() 和 pop() 方法同时使用时，要考虑程序运行的顺序引起的列表的变化。例如本题，remove() 方法移除的是列表 [1, 2, 3, 4] 的元素，pop() 方法移除的是 remove 处理后得到的列表 [1, 2, 4] 中的元素。

※ 举一反三

运行下列代码，输出结果是（　　）。

```
list = ["小明", "小光", "小可", "小光", "小花"]
list.remove("小光")
print(list)
```

A. ["明","光","可","光","花"]
B. ["小明","小可","小光","小花"]
C. ["小明","小光","小可","小花"]
D. ["小明","小可","小花"]

考题 5

列表 [90,100,78] 分别存储着阿短的语文、数学、英语的成绩。老师在统计期末成绩时，发现阿短的英语成绩实际为 87，但在成绩列表中显示的是 78。下列选项能帮助老师正确输出阿短成绩列表的是（　　）。

A.

```
list = [90,100,78]
list[3]8 =87
```

B.

```
list = [90,100,78]
list[2] = 87
```

C.

```
list = [90,100,78]
list[3] = 87
print(list)
```

D.

```
list = [90,100,78]
list[2] = 87
print(list)
```


※ 核心考点

考点 5：列表元素的修改。

※ 思路分析

此题考查的是列表元素的修改。需要分析清楚要修改的元素的索引及修改的值。

※ 考题解答

本题需要修改错误的英语成绩后并输出正确的成绩列表。英语成绩为列表的第 3 项，那么索引号为 2，由此排除 A 和 C 选项；修改完后需要将修改后的列表输出，由此排除 B 选项。因此，答案为 D 选项。

考题 6

（真题 • 2019.12）运行下列代码，输出结果是（　　）。

```
list1 = [2, 45, 1, 45, 99]
print(max(list1),min(list1))
```

A．99 1　　B．45 45　　C．1 99　　D．45 2

※ 核心考点

考点 6：列表的统计。

※ 思路分析

此题考查的是 max() 和 min() 函数的使用。

※ 考题解答

分析可得列表元素是由数字类型组成。max(list1) 求的是列表中的最大值，为 99，min(list1) 求的是列表中的最小值，为 1。因此，答案为 A 选项。

※ 考法剖析

字符串大小的比较依据 ASCII 码（给字母、数字、符号进行顺序排列的一套规则）的顺序。字符都有对应的数值编号，其中，数字 0 ～ 9 对应编号 48 ～ 57，大写字母 A ～ Z 对应编号 65 ～ 90，小写字母 a ～ z 对应编号 97 ～ 122。如果想要获取字符串的最大值或最小值，则应依次比较字符串中每一个字符的大小。

示例代码 5-19

```
mylist = ['a1b1','a1b2','a2b1','a2b2']
print(max(mylist))
print(min(mylist))
mylist.sort()
print(mylist)
```

运行程序后，输出结果如图 5-19 所示。

```
控制台
a2b2
a1b1
['a1b1', 'a1b2', 'a2b1', 'a2b2']
程序运行结束
```

图 5-19

※ 举一反三

运行下列代码，输出结果和选项中的输出结果相同的是（　　）。

```
L = [3, 5, 27, 9, 11, 33, 15, 17, 49]
total = 0
for i in L:
    total = total + i
print(total)
```

A．print(max(L))　　B．print(min(L))
C．print(sum(L))　　D．print(len(L))

考题 7

运行下列代码，输出结果是（　　）。

```
L = [2, 34, 65, 23, 44, 109, 3, 17]
L.sort(reverse = True)
print(L[3], L[-3])
```

A．23 109　　B．65 109　　C．44 17　　D．34 17

※ 核心考点

考点 7：列表的排序。

※ 思路分析

使用 sort() 函数进行列表排序时，需要注意函数中 reverse 的参数值，值为 True 表示降序；值为 False 表示升序；如果省略 reverse 参数，则默认为升序。列表排序完成后，再输出对应的索引值。

※ 考题解答

L.sort() 方法可以将列表由小到大进行排序，而设置 reverse = True 后，会将列表由大到小进行排序得到列表 [109, 65, 44, 34, 23, 17, 3, 2]。根据列表索引的规则，索引号为 3 所对应的元素为 34，索引号为 –3 对应的元素为 17，因此，答案是 D 选项。

※ 考法剖析

sort() 方法可以对数字类型和字符串进行排序。使用 sort() 方法对字符串进行排序，比较的是字符 26 个英文字母的顺序。在区分大小写的情况下，排序规则是先对大写字母进行排序，然后对小写字母进行排序。

示例代码 5-20

```
pName = ['Tom','flower','China','jing','bei']
pName.sort()                    # 区分大小写
print(pName)
pName.sort(key = str.lower)  # 不区分大小写
print(pName)
```

运行程序后，输出结果如图 5-20 所示。

```
控制台
['China', 'Tom', 'bei', 'flower', 'jing']
['bei', 'China', 'flower', 'jing', 'Tom']
程序运行结束
```

图 5-20

考题 8

编写程序，使用户可以手工输入一个列表。

※ 核心考点

考点 1：列表的创建和删除。

※ 思路分析

结合 eval() 和 input() 函数完成。其中 eval() 函数用来执行一个字符串表达式，并返回表达式的值。

※ 考题解答

```
list = eval(input(" 请输入一个列表 "))
print(list)
```

巩固练习

1. 运行下列代码，输出结果是（　　）。

```
lst = ['西瓜', '荔枝', '哈密瓜', '杧果', '榴梿']
print(lst[0:3])
```

A. ['西瓜']　　B. ['西瓜','荔枝']

C. ['西瓜','荔枝','哈密瓜']　　D. ['西瓜','荔枝','哈密瓜','杧果']

2. 运行下列代码，输出结果是（　　）。

```
list1 = ['中国', '美国', '俄罗斯']
list1.append('英国')
print ("更新后的列表 : ", list1)
```

A. ['中国','美国','俄罗斯']

B. ['中国','美国','俄罗斯','英国']

C. 更新后的列表 :['中国','美国','俄罗斯']

D. 更新后的列表 :['中国','美国','俄罗斯','英国']

3. 列表 grade 中记录了阿短 3 门课程的成绩。现在教师使用程序修改了阿短其中一门课程的成绩，运行代码，阿短的最终成绩是（　　）。

```
grade = ['77','80','87']
grade[-1] = 92
print (grade)
```

A. ['77','80','92']　　B. ['92','80','87']

C. ['77','92','97']　　D. ['77','80','87','92']

4. 运行下列代码，输出结果是（　　）。

```
lst = ['100', '90', '100', '91', '91']
lst.remove('91')
lst.pop(3)
print(lst)
```

A. ['100', '90', '100', '91']　　B. ['100', '90', '91', '91']

C. ['100', '90', '100']　　D. ['100', '100', '91']

5．运行下列代码，输出结果是（　　）。

```
lst = [21, 40, 33, 22, 55,34]
lst.sort(reverse = False)
print(lst[4])
```

A．22　　B．33　　C．34　　D．40

6．下列代码不能求出列表元素之和的是（　　）。

```
L = [3, 5, 27, 9, 11, 33, 15, 17, 49]
```

A．

```
total = 0
for i in L:
    total = total + i
print(total)
```

B．

```
print(sum(L))
```

C．

```
total = 0
for i in range (9):
    total = total + L[i]
print(total)
```

D．

```
total = 0
for i in range (9):
    total = total + i + L[i]
print(total)
```

7．运行下列程序，输出结果是（　　）。

```
list1 = [456, 700, 200]
print (max(list1),min(list1))
```

A．456 200　　B．700 200　　C．700 456　　D．456 700

8．运行下列程序，输出结果是（　　）。

```
grade = [100, 92, 89, 99, 100]
```

```
print(sum(grade)/len(grade))
```

A．96.0　　B．480　　C．5　　D．100

9．请使用Python中的turtle库，编写一个程序绘制如图5-21所示的正方形。

图 5-21

专题6

类 型 转 换

如果要对两种货币的价值进行比较，通常的做法是将一种货币按照汇率转换成另一种货币，这样比较的结果就会一目了然。在 Python 语言中，不同的数据类型之间也可以进行转换。本专题主要讲解 4 种数据类型的转换。

考查方向

能力考评方向

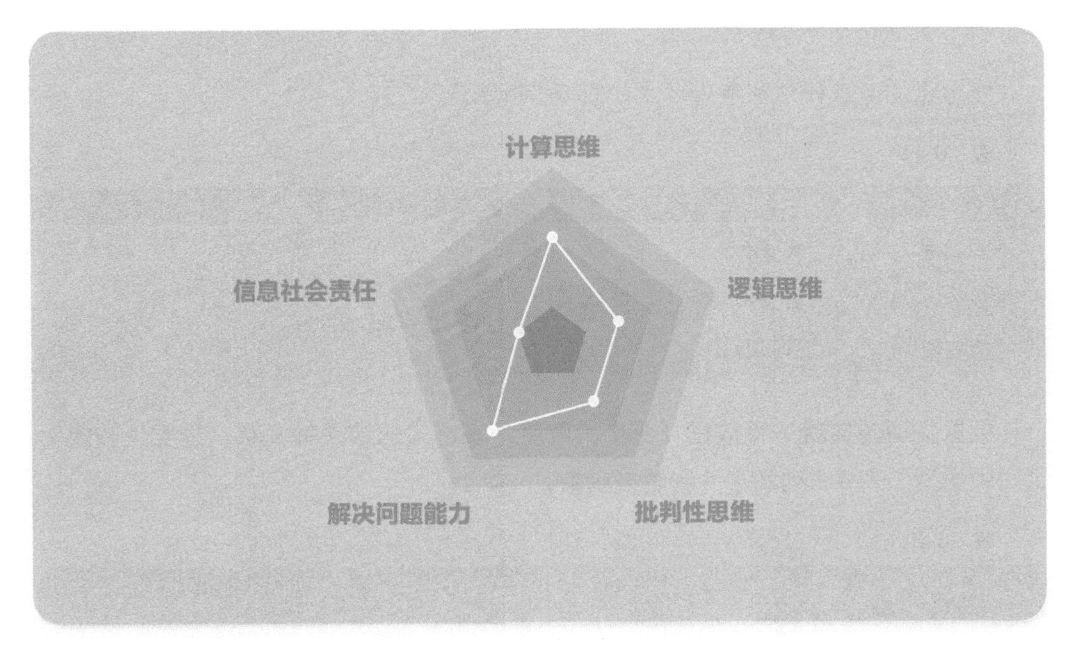

知识结构导图

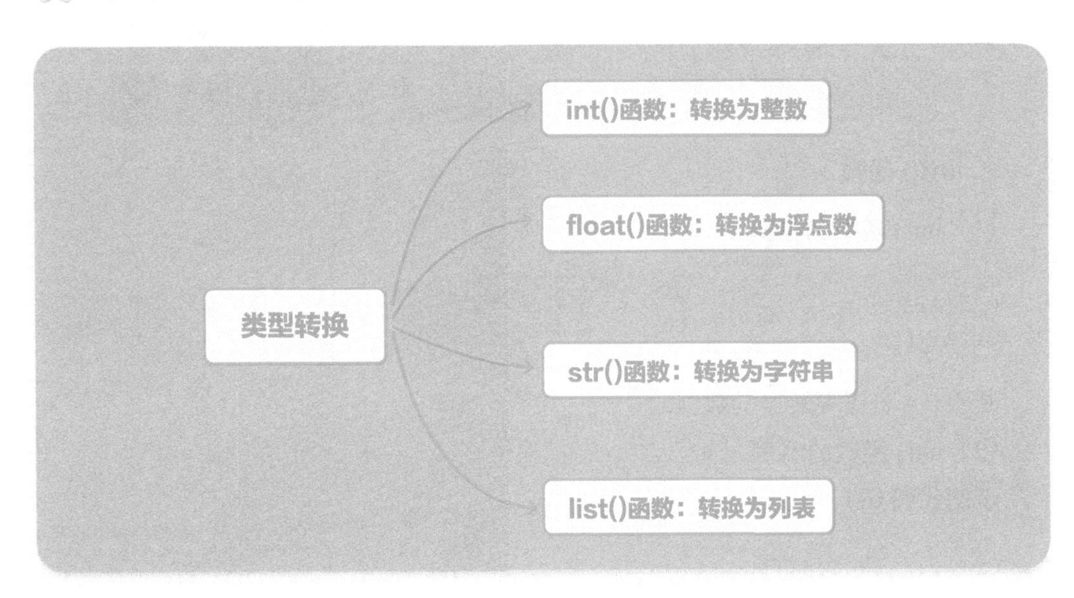

考点清单

考点 类型转换

本考点的考点评估和考查要求如表 6-1 所示。

表 6-1

考点评估		考查要求
重要程度	★★☆☆☆	掌握数据类型转换函数的使用，如 int()、float()、str()、list()
难度	★☆☆☆☆	
考查题型	选择题	

数据类型转换就是将数据（变量、数值、表达式的结果等）从一种类型转换为另一种类型。表 6-2 列举了 4 种转换函数。

表 6-2

函　　数	描　　述
int(x)	将 x 转换成一个整数
float(x)	将 x 转换成一个浮点数
str(x)	将 x 转换成一个字符串
list(s)	将 s 转换成一个列表

1. int() 函数

（1）int() 函数的格式

```
a = int(x)
print (int (x))
```

其中，x 是需要转换的数据。

（2）int() 函数的示例

示例代码 6-1

```
print(int(3.14))
```

```
print(int("99"))
#type() 为返回数值类型
print(type(int(5.12)))
print(type(int("99")))
print(int(" 世界和平 "))              # 程序报错 : 字符串中的内容必须是整数
print(int("Good"))                   # 程序报错
print(int("9.98"))                   # 程序报错
```


运行程序后，输出结果如图 6-1 所示。需要注意的是，默认情况下 int() 函数将字符串参数按照十进制进行转换，所以需要转换的字符串必须为整数，否则程序会报错。

```
控制台
<class 'int'>
Traceback (most recent call last):
  File "C:\Users\Administrator\Desktop\Python语言1级文件(1)\图片+py文件\专题6\示例代码6-1.py", line 6, in <module>
    print(int("世界和平"))    # 程序报错：字符串中的内容必须是整数
ValueError: invalid literal for int() with base 10: '世界和平'
程序运行结束
```

图　6-1

2．float() 函数

（1）float() 函数的格式

```
a = float(x)
print (float(x))
```

其中，x 是需要转换的数据。

（2）float() 函数的示例

示例代码 6-2

```
print(float(32))
print(float("43"))
print(float("4.67"))
print(float(" 计算思维 "))           # 程序报错，字符串中的内容必须为数字
print(float("error"))               # 程序报错
```

运行程序后，输出结果如图 6-2 所示。需要注意的是，如果转换对象为字符串，那么字符串中的内容必须为数字，否则程序会报错。

```
控制台
32.0
43.0
4.67
Traceback (most recent call last):
  File "C:\Users\ADMINI~1\AppData\Local\Temp\codemao-Li9teY/temp.py", line 4, in <module>
    print(float("计算思维"))  # 程序报错，字符串中的内容必须为数字
ValueError: could not convert string to float: '计算思维'
程序运行结束
```

图 6-2

专题6

3．str() 函数

（1）str() 函数的格式

```
a = str(x)
print (str(x))
```

其中，x 是需要转换的数据。

（2）str() 函数的示例

示例代码 6-3

```
int_1 = 14
float_2 = 3.1415
# 将转换后的字符串赋值给变量 int_1、float_1
int_1 = str(int_1)
float_2 = str(float_2)
# 返回当前变量 int_1、float_2 的数据类型
print(type(int_1))
print(type(float_2))
```

运行程序后，输出结果如图 6-3 所示。

```
控制台
<class 'str'>
<class 'str'>
程序运行结束
```

图 6-3

4．list() 函数

（1）list() 函数的格式

```
L1 = list (字符串)
```

```
print(list(字符串))
```

（2）list() 函数的示例

示例代码 6-4

```
print(list("Python"))
print(list("九章算术"))
```

运行程序后，输出结果如图 6-4 所示。

```
控制台
['P', 'y', 't', 'h', 'o', 'n']
['九', '章', '算', '术']
程序运行结束
```

图　6-4

考点探秘

考题 1

（真题 • 2019.12）运行下列代码，输入

```
5
```

则输出的结果是（　　）。

```
a = input('请输入一个整数')
a = int(a) + 5
print(a)
```

A．1　　B．5　　C．10　　D．10.0

※ **核心考点**

考点：类型转换。

※ **思路分析**

本题考查的是数据类型之间的转换。int() 函数的作用是将数据转换为整数。需

要注意的是，int() 函数默认将数值类型按照十进制进行转换，所以字符串中的内容必须为整数。

※ 考题解答

本题中 input() 函数为输入函数，表示输入一个数字 5，赋值给变量 a。将变量 a 转换为整数类型之后与 5 的和再次赋值给变量 a，最后打印的是变量 a。所以，答案是 C 选项。

※ 举一反三

运行下列代码，输入

```
3
```

则输出结果是（　　）。

```
x = input('请输入一个数：')
x = float(x) - 2
print(x)
```

A．10　　B．1　　C．1.0　　D．5.0

考题 2

（真题・2019.12）运行下列代码，输出结果是（　　）。

```
x = 9
y = 9.0
print(float(x), int(y))
```

A．9　9　　B．9　9.0　　C．9.0　9　　D．9.0　9.0

※ 核心考点

考点：类型转换。

※ 思路分析

本题考查的是数据类型之间的转换。float() 函数可以将整数转换为浮点数，int() 函数可以将浮点数转换为整数。

※ 考题解答

本题中变量 x 为整数，使用 float() 函数将其转换为浮点数 9.0；变量 y 为浮点数，使用 int() 函数将其转换为整数 9。所以，最后打印的值是 9.0 9。所以，答案是 C 选项。

※ 举一反三

运行下列代码，输出的结果是（　　）。

```
a = 6.42
b = "Python"
print(int(a), float(b))
```

A．6 ['P', 'y', 't', 'h', 'o', 'n']

B．6.24 ['P', 'y', 't', 'h', 'o', 'n']

C．6 "Python"

D．程序报错

巩固练习

表达式 list(range(1, 5)) 的值为（　　）。

A．[1, 2, 3, 4]　　B．[1, 2, 3, 4, 5]

C．[1, 4]　　D．[1, 5]

专题7

分支结构

在生活中，我们经常根据不同情况做出不同的决定。例如，如果今天下雨，则带伞；如果今天不下雨，则不带伞。又如，如果在晚上8点前完成作业，则可以看电视；如果没有完成作业，则继续写作业。在计算机程序中，也需要做不同的决定，这就需要用到分支结构。

分支结构又称为选择结构，是程序的3种基本结构之一。在本专题，让我们一起来学习分支结构吧。

考查方向

能力考评方向

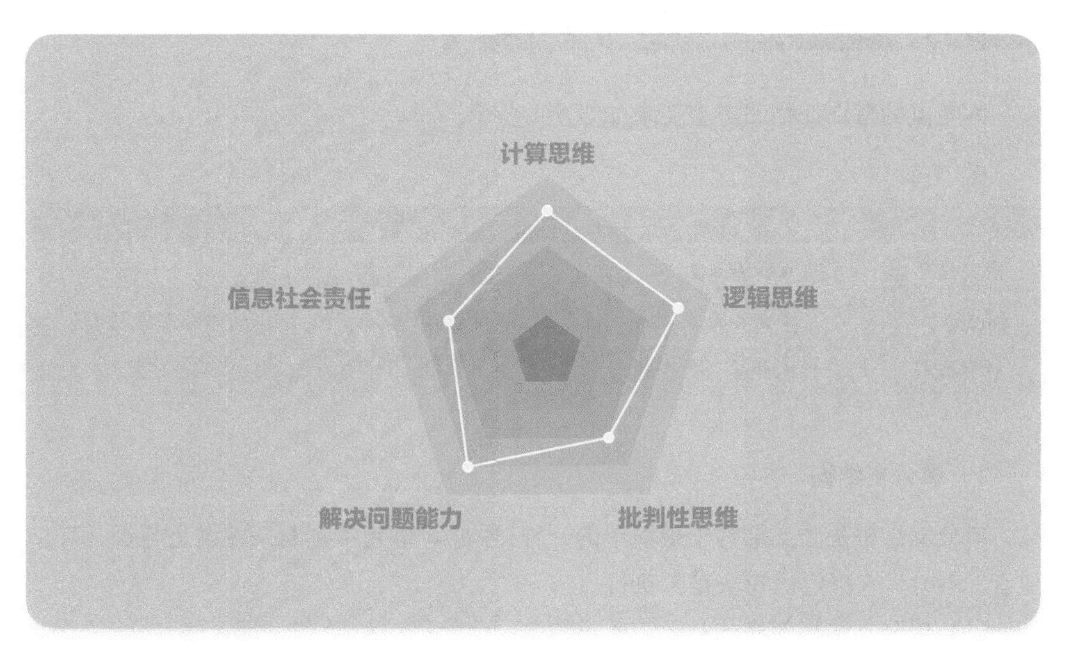

知识结构导图

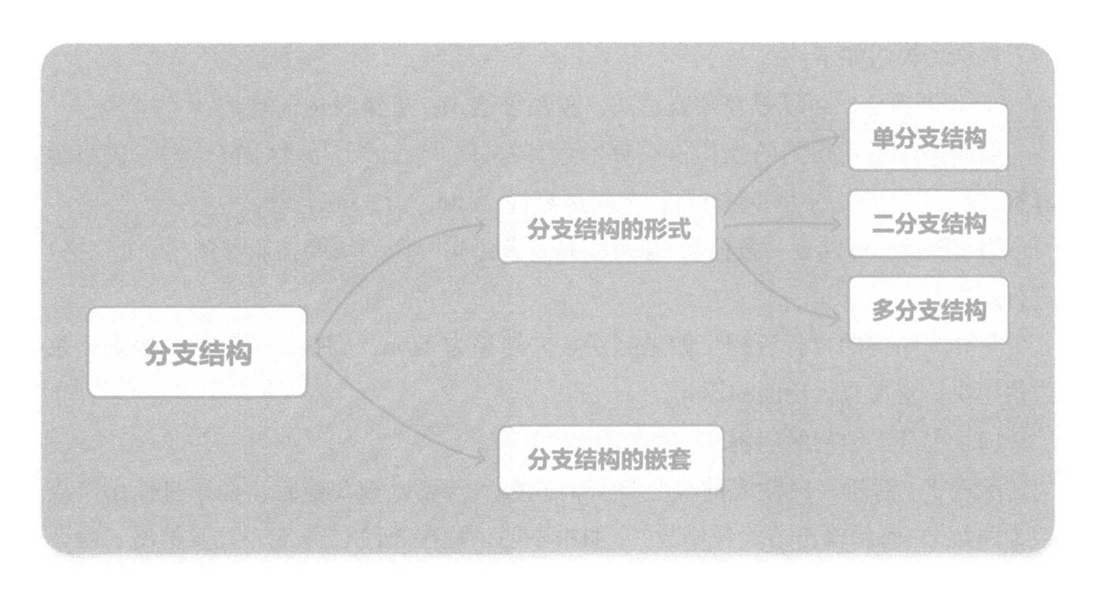

考点清单

考点1 分支结构的形式

本考点的考点评估和考查要求如表 7-1 所示。

表 7-1

考点评估		考查要求
重要程度	★★★★★	1．掌握分支结构的语法结构； 2．能够通过不同分支结构的语句来编写程序，以解决相应的问题
难度	★★☆☆☆	
考查题型	选择题、操作题	

1．单分支结构

单分支结构是分支结构中最简单的一种，通过 if 语句中判断条件满足与否（True 或者 False），来决定语句块是否执行。

（1）单分支结构的格式

```
if <判断条件>：
    <语句块>
```

各选项说明如下。

① 判断条件，可以是算术表达式、关系表达式、逻辑表达式等。

判断条件中常用到的操作符有算术运算符（+、–、*、/、%、**、//）、关系运算符（>、<、==、>=、<=、!=）、逻辑运算符（and、or、not）等。

② 语句块，可以是一条语句，也可以是多条语句。语句块要按照惯例（4 个空格）进行缩进。

单分支结构的执行流程：如果判断条件结果为 True，则执行语句块；否则，跳过语句块，直接执行后面的语句。

（2）单分支结构的示例

示例 1：判断用户输入的数字是否为偶数。若可以被 2 整除，程序将输出“该数为偶数”，而后输出“验证结束”；如果不能，程序将跳过分支，直接输出“验证结束”。

示例代码 7-1

```
a=int(input())
if a % 2 == 0:
    print(" 该数为偶数 ")
print(" 验证结束 ")
```

若输入 a 的值为 6，运行程序后，输出结果如图 7-1 所示。

```
控制台
6
该数为偶数
验证结束
程序运行结束
```

图　7-1

若输入 a 的值为 3，运行程序后，输出结果如图 7-2 所示。

```
控制台
3
验证结束
程序运行结束
```

图　7-2

示例 2：判断用户输入的两个数字是否都为偶数。若 a 和 b 都能被 2 整除，则输出“两数为偶数”。

示例代码 7-2

```
a=int(input())
b=int(input())
if a % 2 == 0 and b % 2 == 0:
    print(" 两数为偶数 ")
```

若输入 a 的值为 6，b 的值为 8，运行程序后，输出结果如图 7-3 所示。

```
控制台
6
8
两数为偶数
程序运行结束
```

图　7-3

2. 二分支结构

二分支结构又称为双分支结构，可以使用 if...else 语句来构造。通过 if 语句判断条件的执行结果（True 或者 False）来决定哪个语句块会被执行。

（1）二分支结构的格式

```
if <判断条件>:
    <语句块 a>
else:
    <语句块 b>
```

选项说明如下。

语句块 a 与语句块 b，可以是一条语句，也可以是多条语句。语句块都要按照惯例（4 个空格）进行缩进。

二分支结构的执行流程：如果判断条件结果为 True，则执行语句块 a；否则，执行语句块 b。

（2）二分支结构的示例

验证用户输入的用户名和密码是否正确。若输入的用户名为“admin”且密码为“123abc”，则“验证成功”；否则，“验证失败”。

示例代码 7-3

```
name=input("请输入用户名：")
password=input("请输入密码：")
if name == "admin" and password == "123abc":
    print("验证成功")
else:
    print("验证失败")
```

若输入的用户名为“admin”且密码为“123abc”，运行程序后，输出结果如图 7-4 所示。

```
控制台
请输入用户名：admin
请输入密码：123abc
验证成功
程序运行结束
```

图 7-4

若输入的用户名为“阿短”，密码为“123abc”，运行程序后，输出结果如图 7-5 所示。

```
控制台
请输入用户名：阿短
请输入密码：123abc
验证失败
程序运行结束
```

图　7-5

3．多分支结构

当判断条件为多个值时，就需要用到多分支结构。在多分支结构中，使用到的语句主要为 if...elif...else，其中 elif 语句可以使用多次。

（1）多分支结构的格式

```
if <判断条件 1>：
    <语句块 1>
elif <判断条件 2>：
    <语句块 2>
elif <判断条件 n>：
    <语句块 n>
else：
    <语句块 n+1>
```

多分支结构的执行流程：如果判断条件 1 结果为 True，则执行语句块 1；否则，就判断条件 2；如果判断条件 2 结果为 True，则执行语句块 2；否则，继续判断条件 *n*（*n* 为正整数），直到有判断条件结果为 True，就执行相应的语句块。如果所有的表达式结果均为 False 时，则执行 else 分支中的语句块 *n*+1。

（2）多分支结构的示例

示例代码 7-4

```
x=int(input("请输入 x 的值："))
if x>1:
    print(3*x-5)
elif x>=-1 and x<=1:
    print(x+2)
else:
    print(5*x+3)
```

若输入 x 的值为−2，不满足判断条件“x>1”，也不满足判断条件“x>= −1 and x<=1”，因此，执行 else 分支中的语句“print(5*x+3)”。运行程序后，输出的结果如图 7-6 所示。

```
控制台
请输入x的值：-2
-7
程序运行结束
```

图 7-6

● 备考锦囊

① 判断条件的值为False的情况有：False(判断条件为假时的返回值)、0、0.0、空字符串、空列表、空元组、空集合、空字典等。

② 判断条件中还会用到的操作符：成员运算符（in、not in）等。

③ 二分支结构中，必有一条分支被执行。

④ 多分支结构中最多只有一条分支被执行。多分支结构中的 else 是可选的，当没有 else 分支，且其他分支的判断条件结果均为 False 时，多分支结构中将没有语句块被执行，分支结构外的语句不受影响。

本考点的考点评估和考查要求如表 7-2 所示。

表 7-2

考点评估		考查要求
重要程度	★★★☆☆	1. 掌握分支结构嵌套的方法，能够判断不同代码的从属关系； 2. 掌握分支嵌套程序的编写
难度	★★★☆☆	
考查题型	选择题、操作题	

分支结构是可以嵌套的，即分支结构里又可以包含分支结构。

1. 分支结构嵌套的格式

```
if <判断条件 1>：
    <语句块 1>
    if <判断条件 2>：
        <语句块 2>
```

```
    else：
        <语句块3>
else：
    if <判断条件4>：
        <语句块4>
```

分支结构嵌套使用时需要注意控制好不同级别语句块的缩进量，因为缩进量决定了代码的从属关系（即这段语句属于哪个分支）。

2．分支结构嵌套的示例

示例1：判断多个条件是否同时满足。

示例代码7-5

```
age = int(input('请输入你的年龄：'))
grade = int(input('请输入你的年级：'))
if age >= 8:
    if grade >= 3:
        print('恭喜你！你可以玩这个游戏！')
    else:
        print('很遗憾，三年级以下不能玩这个游戏！')
else:
    print('很遗憾，八岁以下不能玩这个游戏！')
```

若输入年龄age为9，年级grade为2，则满足条件“age>= 8”，但是不满足条件“grade>= 3”，因此执行语句“print("很遗憾，三年级以下不能玩这个游戏！")”。运行程序后，输出的结果如图7-7所示。

```
控制台
请输入你的年龄：9
请输入你的年级：2
很遗憾，三年级以下不能玩这个游戏！
程序运行结束
```

图　7-7

示例2：根据一定的标准对数据进行划分，例如对学生考试成绩的评定：低于60分为未合格；60～79分为合格；80～89分为良好；90分以上为优秀。

示例代码7-6

```
score = int(input('请输入成绩0~100：'))
if score < 60:
```

```
    print('很遗憾，你的成绩未合格，要继续加油哦！')
else:
    if score >= 90:
        print('恭喜你！你的成绩评定为：优秀')
    elif score >= 80:
        print('不错哦！你的成绩评定为：良好')
    else:
        print('通过了！你的成绩评定为：合格')
```

运行程序后，输出的结果如图 7-8 所示。

```
控制台
请输入成绩0～100：88
不错哦！你的成绩评定为：良好
程序运行结束
```

图 7-8

考点探秘

考题 1

（真题·2019.12）以下是阿短编写的猜年龄程序，运行后输入 28，输出的结果是（　　）。

```
print("请猜一下我多大了？")
age = int(input("请输入你猜测的年龄"))
if age < 27:
    print("你猜小了")
elif age == 27:
    print("恭喜你，猜对了")
else:
    print("你猜大了")
```

A．请猜一下我多大了　　B．你猜小了

C．恭喜你，猜对了　　D．你猜大了

※ 核心考点

考点 1：多分支结构。

※ 思路分析

“if...elif...else...”是一个典型的多分支结构，三条分支中有且只有一条分支会被执行。将输入结果分别代入三个判断条件中，看满足哪个条件就执行哪条分支。

※ 考题解答

由题干可知，输入 28，不满足 if 条件：“age<27”，也不满足 elif 条件：“age==27”，因此执行 else 分支：print(" 你猜大了 ")。因此，选择 D 选项。

※ 考法剖析

分支结构中最关键的就是判断哪一条分支会被执行。在具体程序中，常常会与其他专题的知识结合进行考查，综合性较强。

※ 举一反三

（真题・2019.12）运行下列代码，输入

```
30c
```

则输出结果是（　　）。

```
a = input(" 输入温度值，例如 30C 或 80F: ")
if a[-1] in ['F','f']:
    C = (float(a[0:-1]) - 32)/1.8
    print("%.1fC"%(C,))
elif a[-1] in ['C','c']:
    F = 1.8*float(a[0:-1]) + 32
    print("%.1fF"%(F,))
else:
    print(" 格式错误 ")
```

A．86.0C　　B．86.0F　　C．格式错误　　D．－ 1.1C

考题 2

以下是阿短编写的智能体重判断程序。运行下列代码，以体重为 52kg，身高为 162cm 的女士作为输入数据，则输出结果是（　　）。

```
gender = input('请输入性别（男、女）:')
weight = int(input('请输入体重（kg）:'))
height = int(input('请输入身高（cm）:'))
a = 0
if gender == '男':
    a = weight - (height - 100)
    if a > 3:
        print('您该减肥了！')
    elif a < -3:
        print('您得补充营养了！')
    else:
        print('男士，您的体重很标准！')
else:
    a = weight - (height - 110)
    if a > 3:
        print('您该减肥了！')
    elif a < -3:
        print('您得补充营养了！')
    else:
        print('女士，您的体重很标准！')
```

A．您该减肥了！

B．您得补充营养了！

C．男士，您的体重很标准！

D．女士，您的体重很标准！

※ 核心考点

考点 2：分支结构的嵌套。

※ 思路分析

这是一个两重分支结构的嵌套，要明确各分支结构的从属关系。

※ 考题解答

由题干可知，输入 gender 为女，不满足 if 条件“gender=="男"”，因此执行 else 分支：weight 为 52，height 为 162，a=52 –（162 – 110）=0；不满足 if 条件“a>3”，也不满足 elif 条件“a< – 3”，因此执行 else 分支：print("女士，您的体重很标准！")。因此，选择 D 选项。

※ 考法剖析

根据缩进量可以判断哪些语句从属于哪一条分支。在考查中常常需要考生能够快速找出各判断条件的层级关系，才能将分支结构嵌套灵活运用于问题的解决中。

巩固练习

1．运行下列代码，分别输入 3、6、7，输出的结果是（　　）。

```
a = int(input(" 请输入三角形的 a 边长：")) 
b = int(input(" 请输入三角形的 b 边长：")) 
c = int(input(" 请输入三角形的 c 边长：")) 
if (a + b > c) & (a + c > b) & (b + c > a):
    l = a + b + c
    print(" 三角形的周长为："+str(l))
else:
    print(" 不是三角形 ")
```

A．没有任何输出　　　　B．16

C．三角形的周长为：16　　　　D．不是三角形

2．同学们在玩敲七游戏，规则是：依次从某个数开始顺序数数，数到含有 7 或 7 的倍数时要拍手，表示越过（比如 7、14、17、49 等都不能数出），下一人继续数后面的数字。违反规则者会受罚。

根据上面给定的提示，下面是其中一部分代码，其中①和②处应填写的是（　　）。

```
n = int(input(" 请说出一个数：")) 
if n ___①___ 7 == 0 or "7" ___②___ str(n):
    print(' 拍手 ')
```

A．/，in　　B．/，not in　　C．%，in　　D．%，not in

3．狗的平均寿命为 9 ~ 15 年，人类的平均寿命在 80 岁左右。

狗的年龄向人类的年龄换算的规律为：狗 1 岁相当于人 14 岁，狗 2 岁相当于人 22 岁，当狗的年龄大于 2 岁后，向人类寿命的换算公式为：22+（狗的年龄−2）×5。

根据上面给出的提示，以下狗和人类寿命换算程序中，应在①和②处填写的是（　　）。

```
age = int(input(" 请输入你家狗的年龄： ")) 
if age <= 0:
```

```
    print("不可能的！")
elif age == 1:
    print("相当于 14 岁的人。")
elif age  ①  2:
    print("相当于 22 岁的人。")
elif age  ②  2:
    human = 22 + (age -2)*5
    print("对应人类年龄：", human)
```

A. ==, <　　B. ==, >　　C. =, <　　D. =, >

4. 运行以下代码，输入

```
66
-32
```

则输出的结果是（　　）。

```
x = int(input('请输入x坐标：'))
y = int(input('请输入y坐标：'))
if x==0 and y==0:
    print('原点')
elif x==0:
    print('y轴')
elif y==0:
    print('x轴')
elif x>0 and y>0:
    print('第一象限')
elif x<0 and y>0:
    print('第二象限')
elif x<0 and y<0:
    print('第三象限')
else:
    print('第四象限')
```

A. y轴　　B. 第四象限　　C. 第二象限　　D. 没有输出

5. 请编写一个程序：输入一个学生的分数，能将其成绩转换成简单描述输出，即不及格（小于60分）、及格（60～79分）、良好（80～89分）、优秀（90～100分）。

输入样例 1：

请输入分数

```
56
```

输出样例 1：

```
等级是不及格
```

输入样例 2：

请输入分数

```
90
```

输出样例 2：

```
等级是优秀
```

6．我国《婚姻法》规定，男性 22 岁为合法结婚年龄，女性 20 岁为合法结婚年龄。请尝试编写一个程序，判断一个人是否达到合法结婚年龄。

输入样例 1：

```
女
22
```

输出样例 1：

```
已达到合法结婚年龄
```

输入样例 2：

```
男
20
```

输出样例 2：

```
未达到合法结婚年龄
```

循环结构

你可以写 10 条语句来计算出 1+2+3+… +9+10 的结果。如果让你计算 1 到 100 的整数之和呢？写 100 条语句似乎不是一个好的解决办法。循环结构可以让我们用几行代码解决这个问题。在本专题，让我们一起来学习循环结构吧。

考查方向

能力考评方向

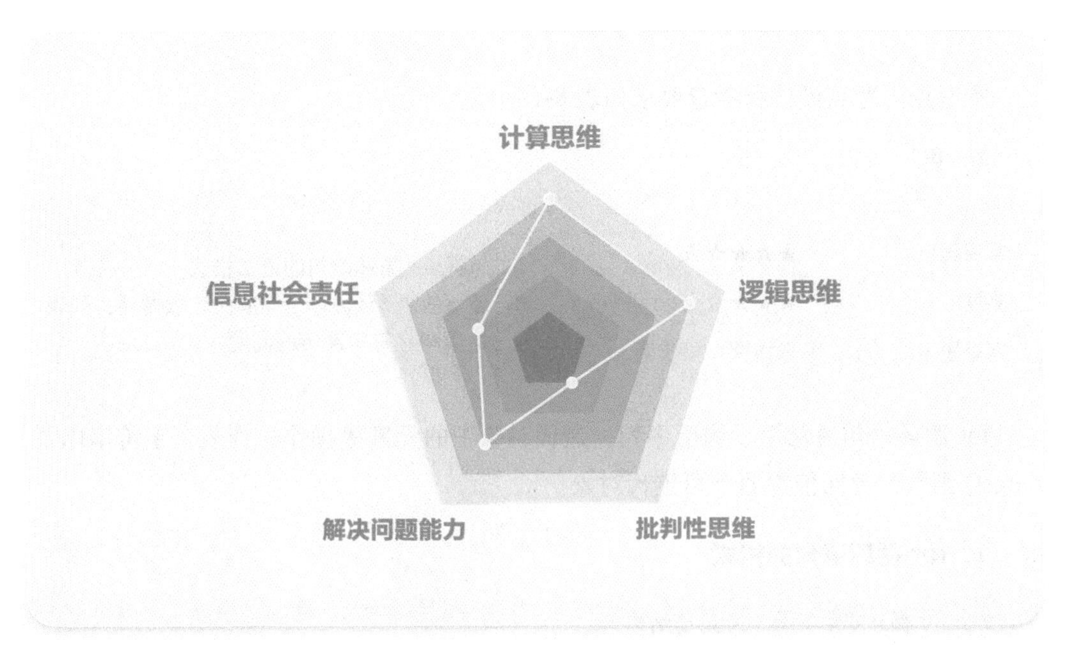

知识结构导图

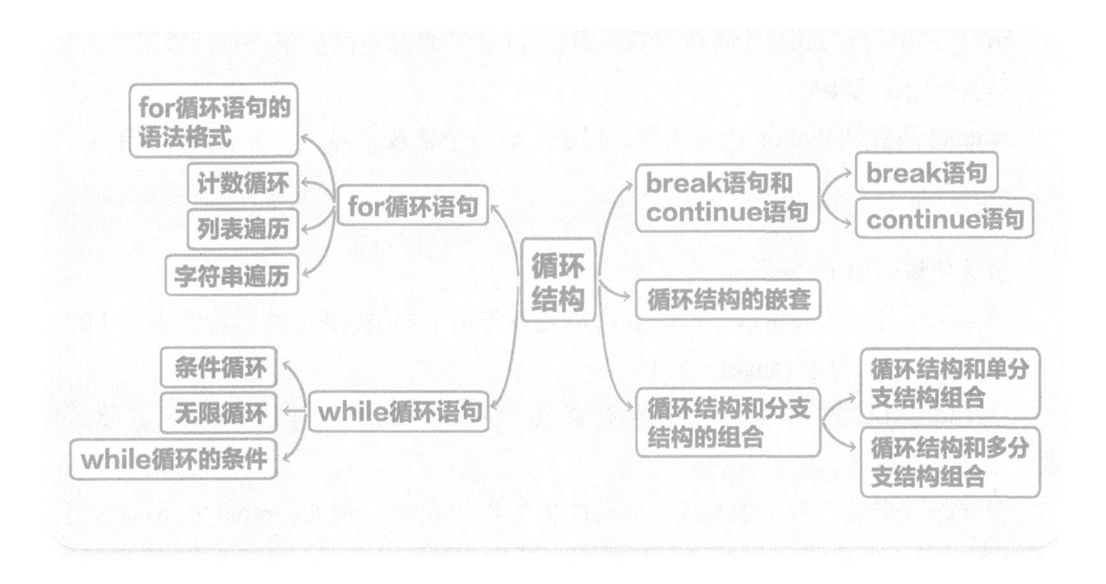

考点清单

考点1 for循环语句

本考点的考点评估和考查要求如表 8-1 所示。

表 8-1

考点评估		考查要求
重要程度	★★★★★	1．掌握 for 循环语句的语法格式； 2．能够使用 for 循环语句解决计数循环、列表遍历和字符串遍历等问题
难度	★★★☆☆	
考查题型	选择题、操作题	

for 循环语句通常用于遍历序列、迭代对象中的元素等操作。列表、字符串以及 range() 函数的返回值都属于可迭代对象。

1．for 循环语句的格式

```
for <循环变量> in <遍历结构>:
    循环体
```

2．计数循环

for 循环语句与 range() 函数一起，构成 for 循环最基本的应用——计数循环。

（1）range() 函数

range() 函数是 Python 内置函数，用于生成一个整数序列。其语法结构如下：

```
range(start, end, step)
```

各选项说明如下。

① start：计数的起始值。默认值是 0，可以省略；如果省略，则起始值从 0 开始。例如，range(5) 等价于 range(0, 5, 1)。

② end：计数的结束值，但不包括该值。例如，range(1, 5) 是生成 1、2、3、4 数字序列，不包括 5。

③ step：步长，默认值是 1，步长的值可以为负数。例如，range(0, 6) 等价于 range(0, 6, 1)，生成 0、1、2、3、4、5 的数字序列。

当 range() 函数中只有一个参数时，参数表示结束计数的值，初始值默认为 0，步长默认为 1；当 range() 函数中有两个参数时，两个参数分别表示开始计数和结束计数，步长默认为 1；当 range() 函数中有三个参数时，三个参数分别表示开始计数、结束计数和步长。

示例代码 8-1

```
for i in range(5, 0, -1):
    print(i)
```

运行程序后，输出结果如图 8-1 所示。

```
控制台
5
4
3
2
1
程序运行结束
```

图　8-1

(2) 计数循环的示例

计算 1+2+3+…+99+100 的值。

示例代码 8-2

```
s = 0
for i in range(1, 101):
    s += i
print(s)
```

运行程序后，输出结果如图 8-2 所示。

```
控制台
5050
程序运行结束
```

图　8-2

3. 列表遍历

使用 for 循环语句可以遍历列表中的元素。

(1) 遍历列表中元素并输出

列表中存储着中国四大名著 [" 西游记 ", " 红楼梦 ", " 三国演义 ", " 水浒传 "],

依次输出书的名字。

示例代码 8-3

```
list_books = ["西游记", "红楼梦", "三国演义", "水浒传"]
for i in list_books:
    print(i)
```

运行程序后，输出结果如图 8-3 所示。

```
控制台
西游记
红楼梦
三国演义
水浒传
程序运行结束
```

图 8-3

（2）提取列表元素进行运算

遍历列表元素，求出列表元素中的最大值。

示例代码 8-4

```
lst = [64, 34, 25, 12, 22, 11, 90]
a = lst[0]
for i in range(len(lst)-1):
    if lst[i] <= lst[i + 1]:
        a = lst[i + 1]
print("列表中最大的元素:", a)
```

运行程序后，输出结果如图 8-4 所示。

```
控制台
列表中最大的元素: 90
程序运行结束
```

图 8-4

4. 字符串遍历

使用 for 循环语句除了可以遍历列表外，还可以遍历字符串。

例如，将字符串中每个字符依次输出。

示例代码 8-5

```
str1 = "我爱我的国"
for i in str1:
    print(i)
```

运行程序后，输出结果如图 8-5 所示。

图　8-5

考点 2　while 循环语句

本考点的考点评估和考查要求如表 8-2 所示。

表　8-2

考点评估		考查要求
重要程度	★★★★★	掌握 while 循环语句的使用
难度	★★★☆☆	
考查题型	选择题、操作题	

1. 条件循环

while 循环语句可用于在某种条件下重复执行多次代码块的场景，这种循环称为条件循环。

（1）while 循环语句的格式

```
while <判断条件>:
    执行语句
```

条件循环执行次数的多少取决于判断条件，一般循环体中会出现影响判断条件的语句，从而使它在判断条件失效时结束循环。

(2) 条件循环的示例

计算 20 以内（不包含 20）所有的奇数的和。

示例代码 8-6

```
i = 1
s = 0
while i < 20:
    s += i
    i += 2
print(s)
```

运行程序后，输出结果如图 8-6 所示。

```
控制台
100
程序运行结束
```

图 8-6

2. 无限循环

若 while 循环语句的判断条件永远都为 True，循环体会无限地重复执行，这种循环称为无限循环或死循环。

示例代码 8-7

```
while True :                    # 表达式永远为 True
    num = int(input(" 输入一个数字 :"))
    print (" 你输入的数字是 : ", num)
print ("Good bye!")
```

判断条件一直为真，程序一直在循环体内运行，不会执行 print ("Good bye!") 语句。运行程序后，输出结果如图 8-7 所示。

```
控制台
输入一个数字:5
你输入的数字是:  5
输入一个数字:6
你输入的数字是:  6
输入一个数字:7
你输入的数字是:  7
输入一个数字:
```

图 8-7

3. while 循环的条件

在 while 循环中，0、空字符串（''）、空列表（[]）都可以用来作为判断条件，表示 False；同理，非 0、非空字符串或非空列表也可以作为判断条件，都表示 True。

示例代码 8-8

```
i = input('请输入单词:')
while i:
    print(i.upper())      # 字符串的 upper() 方法可以实现英文字母的大写转换
    i = input('请输入单词:')
```

运行程序后，输出的结果如图 8-8 所示。

图　8-8

考点 3　break 语句和 continue 语句

本考点的考点评估和考查要求如表 8-3 所示。

表　8-3

考点评估		考查要求
重要程度	★★★☆☆	1. 掌握 break 语句的使用； 2. 掌握 continue 语句的使用
难度	★★★★☆	
考查题型	选择题	

1. break 语句

在 for 循环或 while 循环结构中使用 break 语句，用于退出当前循环体。

例如，获取列表中某元素的索引后，退出循环。

示例代码 8-9

```
list_names = ["西游记", "红楼梦", "三国演义", "水浒传"]
for i in range(len(list_names)):
    if list_names[i] == '三国演义':
        print("《三国演义》的索引为：",i)
        break
```

运行程序后，输出结果如图 8-9 所示。

```
控制台
《三国演义》的索引为： 2
程序运行结束
```

图 8-9

2. continue 语句

在 for 循环或 while 循环结构中使用 continue 语句，会跳过当前循环中的剩余语句，进入下一次循环。

示例代码 8-10

```
list_names = ["西游记", "红楼梦", "三国演义", "水浒传"]
for i in range(len(list_names)):
    if list_names[i] == '三国演义':
        continue
    print(i)
```

当列表元素为“三国演义”时，会跳出本次循环，不再执行循环体中的 print() 语句。运行程序后，输出结果如图 8-10 所示。

```
控制台
0
1
3
程序运行结束
```

图 8-10

考点 4　循环结构的嵌套

本考点的考点评估和考查要求如表 8-4 所示。

表　8-4

考点评估		考查要求
重要程度	★★★☆☆	理解循环结构的嵌套使用
难度	★★★★☆	
考查题型	选择题	

在 Python 语言中，若一个循环结构作为另一个循环结构的循环体，就称为循环结构的嵌套。

下面的示例是将列表中的元素由小到大排列。

示例代码 8-11

```
lst = [64, 34, 25, 12, 22, 11, 90]
n = len(lst)
for i in range(n):
    for j in range(0, n-i-1):
        if lst[j] > lst[j+1]:
            lst[j], lst[j+1] = lst[j+1], lst[j]
print(" 排序后的列表 :",lst)
```

运行程序后，输出结果如图 8-11 所示。

```
控制台
排序后的列表: [11, 12, 22, 25, 34, 64, 90]
程序运行结束
```

图　8-11

备考锦囊

循环结构嵌套时，注意程序的执行步骤和代码的缩进。

考点 5 循环结构和分支结构的组合

本考点的考点评估和考查要求如表 8-5 所示。

表 8-5

考点评估		考查要求
重要程度	★★★★★	掌握循环结构和分支结构的组合使用
难度	★★★★☆	
考查题型	选择题、操作题	

循环结构和分支结构的组合主要有以下两种形式。

1. 循环结构和单分支结构组合

输出 0 ～ 100 中 7 的倍数的个数。

示例代码 8-12

```
n = 0
for i in range(0,101):
    if i%7 == 0:
        n += 1
print(n)
```

运行程序后，输出结果如图 8-12 所示。

图 8-12

2. 循环结构和多分支结构组合

将一数值列表中大于或等于 0 的元素放入一个新的列表，小于 0 的元素放入另一个列表。

示例代码 8-13

```
list1 = [-1,1,2,-5,-6,-7,2,6,-8,6,9]
list2 = []
```

```
list3 = []
for i in range(len(lst1)):
    if list1[i] >=0:
        list2.append(lst1[i])
    else:
        list3.append(lst1[i])
print(list2)
print(list3)
```

运行程序后，输出结果如图 8-13 所示。

```
控制台
[1, 2, 2, 6, 6, 9]
[-1, -5, -6, -7, -8]
程序运行结束
```

图 8-13

考点探秘

考题 1

运行下列代码，输出结果是（　　）。

```
s = 0
for i in range(5):
    s += i
print(s)
```

A．4　　　B．5　　　C．10　　　D．15

※ 核心考点

考点 1：for 循环语句。

※ 思路分析

此类题目考查的是 for 循环语句的使用。首先确定 range() 函数的起始值、结束值和步长；其次分析循环体内语句的组成；最后确定输出函数在程序中的位置。

※ 考题解答

range(5) 用于生成 0、1、2、3、4 组成的整数序列，通过 for 循环语句可以将这些元素依次取出并赋值给变量 i，s += i 等价于 s=s+i，循环五次后 s=0+1+2+3+4=10。因此，答案是 C 选项。

※ 举一反三

运行下列代码，输出结果是（　　）。

```
s = 0
for i in range(1, 10, 2):
    s += i
print(s)
```

A．20　　B．55　　C．25　　D．45

考题 2

运行下列代码，输出结果是（　　）。

```
a = 1
n = 0
while a<10:
    a += 2
    n += 1
print(a, n)
```

A．10　5　　B．11　5　　C．10　4　　D．11　6

※ 核心考点

考点 2：while 循环语句。

※ 思路分析

此类题目首先确定 while 循环条件的临界值，其次根据循环体中的运算确定循环多少次后可以达到临界值，最后判断退出循环后各变量值的大小。

※ 考题解答

a 的初始值为 1，在循环体中，每循环一次 a 的值增加 2，n 的值增加 1。当 a 的值大于 10 退出循环，那么整个循环次数为 5，a=1+2*5=11，n=0+1*5=5。因此，答案是 B 选项。

※ 举一反三

运行下列代码，输出结果是（　　）。

```
lst = [1,2,3,4,5,6,7,8,9,10]
sum = 0
while lst:
    sum += lst.pop()
print(sum)
```

A. 10　　B. 1　　C. 55　　D. 45

考题 3

运行下列代码，输出结果是（　　）。

```
# 代码 1
n = 5
while n > 0:
    n = n - 1
    if n == 2:
       n = n - 1
        break
print(" 代码 1：", n)
```

```
# 代码 2
n = 5
while n > 0:
    n = n - 1
    if n == 2:
        n = n - 1
            continue
print(" 代码 2：", n)
```

A. 代码 1：2
代码 2：0

B. 代码 1：1
代码 2：0

C．代码 1：1　　　　D．代码 1：1
代码 2：1　　　　代码 2：2

※ 核心考点

考点 3：break 语句和 continue 语句。

※ 思路分析

对此类题目应熟练掌握 break 语句和 continue 语句的区别，判断在不同代码中满足跳出循环的条件。break 语句用于退出循环体，不再进行循环；continue 语句用于跳过当前循环块中的剩余语句，进入下一次循环。

※ 考题解答

第一段代码中，当 n==2 时，对 n 进行减 1 后通过 break 语句退出循环，打印“代码 1:1”。

第二段代码中，当 n==2 时，对 n 进行减 1 后通过 continue 语句跳出当前循环，此时 n=1，再执行下一次循环，对 n 再次减 1，此时 n = 0，while 循环语句的条件不再满足，循环结束。打印“代码 2:0”。因此，答案是 B 选项。

考题 4

运行下列代码，输出结果是（　　）。

```
a = [[1,2,3],[4,5,6], [7,8,9]]
s = 0
for c in a:
    for j in range(3):
        s += c[j]
print(s)
```

A．0　　B．45　　C．24　　D．以上答案都不对

※ 核心考点

考点 4：循环结构的嵌套。

※ 思路分析

此题考查的是列表遍历和计数循环的嵌套。首先确定在外层循环中循环变量 c

每次的取值分别是什么；其次分析内层循环中循环体语句的意义；最后计算输出的值是什么。

※ 考题解答

本题中的外层循环为列表的遍历循环，此时对 c 的取值依次为 [1, 2, 3]、[4,5,6]、[7,8,9]；内层循环为一个计数循环结构，判断每次 c 取值后和 s 的运算，最终 s 的值为 1+2+3+4+5+6+7+8+9=45。因此，答案是 B 选项。

※ 举一反三

在下列代码中，不能求解 1+3+5+⋯ +17+19 的结果的选项是（　　）。

A.

```
i = 1
s = 0
while i<=19:
    s += i
    i += 2
print(s)
```

B.

```
i = 1
s = 0
while True:
    s += i
    i += 2
    if i == 19:
        break
print(s)
```

C.

```
s = 0
for i in range(1,20,2):
    s += i
print(s)
```

D.

```
s = 0
for i in range(10):
```

```
    s += 2*i+1
print(s)
```

巩固练习

1．下列程序需要实现计算列表中各元素的和，在①处应填写的内容是（　　）。

```
total = 0
i = 0
list1 = [-7, 5, 10, 8, 3]
while(i < len(list1)):
    total = total + __①__
    i += 1
print("列表元素之和为：", total)
```

A．i　　B．list1　　C．i + 1　　D．list1[i]

2．使用 turtle 库能够绘制五角星。那么，在①处填写的是（　　）。

```
import turtle as t
t.down()
for i in range (1,__①__):
    t.forward(100)
    t.right(144)
t.hideturtle()
t.done()
```

A．7　　B．5　　C．6　　D．4

3．在 Python 循环结构中，continue 语句被用来告诉 Python 跳过当前循环块中的剩余语句，然后继续进入下一次循环。那么，执行下列语句块得到的结果是(　　)。

```
for s in "HelloWorld":
    if s=="W":
        continue
    print(s,end="")
```

A．Hello　　B．HelloWorld　　C．Helloorld　　D．World

4．小朋友们在玩报数游戏。从 1 开始报数，除了报到 3 的倍数或含有 3 的数字时，每次报数都需要拍手一次。指定一个数 n，假设报数到 n 时，结束游戏，小朋友们需要拍手多少次呢？

输入：

```
一个整数 n
```

输出：

```
按上述规则进行游戏的拍手次数
```

输入样例：

```
10
```

输出样例：

```
7
```

专题9

异 常 处 理

程序运行时，经常会遇到各种错误，这些错误就是“异常”。例如在编写程序时，如果写错关键字，就会导致程序不能正常运行。本专题将介绍异常处理语句的使用。

考查方向

能力考评方向

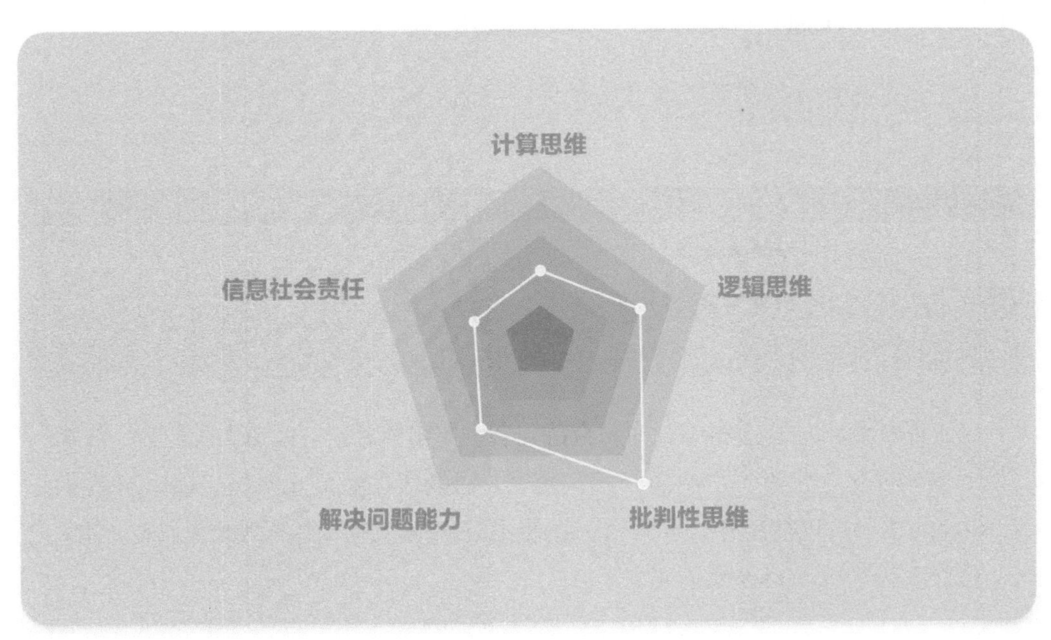

知识结构导图

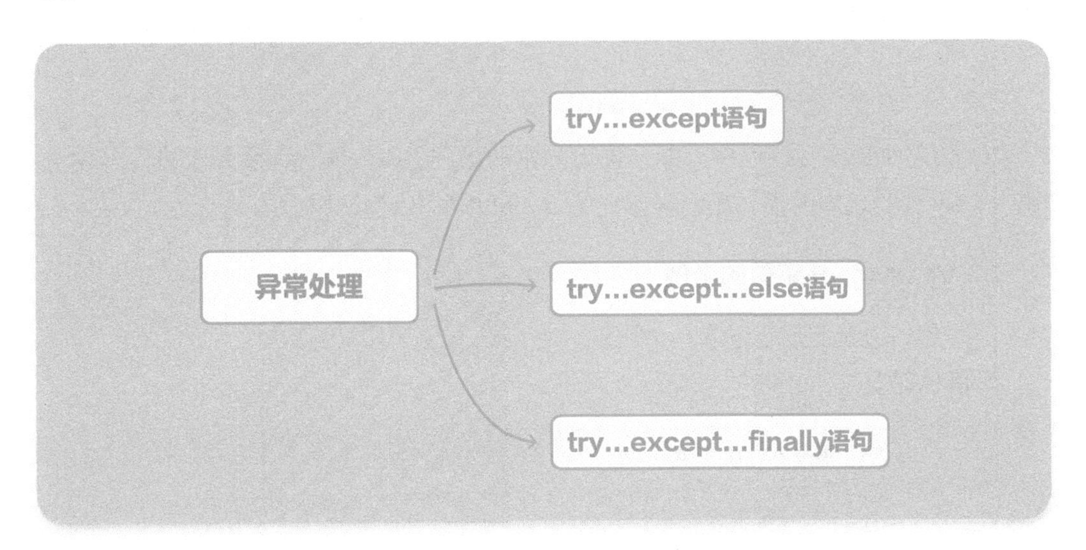

考点清单

考点 1　try...except 语句

本考点的考点评估和考查要求如表 9-1 所示。

表　9-1

考点评估		考查要求
重要程度	★★★★☆	1. 掌握 try...except 语句的语法格式； 2. 掌握 try...except 语句的使用
难度	★★☆☆☆	
考查题型	选择题	

在使用 Python 语言进行编程时，会碰到各种报错信息，这些错误统称为“异常”。Python 脚本发生异常时，需要捕获并处理它，否则程序会终止执行。Python 提供了 try...except 语句可以捕获并处理异常。在使用时，把可能产生异常的代码放入 try 语句，把处理结果放入 except 语句。

1. try...except 语句的语法格式

```
try：
    < 可能抛出异常的语句 >
except：
    < 处理异常 >
```

try 代码块是执行过程中可能会抛出异常的语句。except 代码块用于进行异常处理，当 try 代码块中的语句抛出异常时，except 中的代码块将被执行。

2. try...except 语句的示例

下列代码的功能是：输入一个整数，输出这个数是几位数。

示例代码 9-1

```
a = input(" 请输入一个整数 :")
a = int(a)
L = 0
while a != 0:
    L += 1
```

```
    a = a // 10
print(L)
```

运行程序后，输入“x”，输出结果如图 9-1 所示。

```
控制台
请输入一个整数:x
Traceback (most recent call last):
  File "C:\Users\codemao\AppData\Local\Temp\codemao-6WMeX1/temp.py", line 2, in <module>
    a = int(a)
ValueError: invalid literal for int() with base 10: 'x'
程序运行结束
```

图　9-1

下面用 try-except 语句捕获并处理异常。

示例代码 9-2

```
try:
    a = input(" 请输入一个整数 :")
    a = int(a)
    L = 0
    while a != 0:
        L += 1
        a = a // 10
    print(L)
except:
    print(" 输入有误 ")
```

运行程序后，若输入的是“65”，不会发生异常。运行程序后，输出结果如图 9-2 所示。

```
控制台
请输入一个整数:65
2
程序运行结束
```

图　9-2

若输入的是“abd”，则异常发生，异常会被捕获并处理，执行 except 语句，输出结果如图 9-3 所示。

```
控制台
请输入一个整数:abd
输入有误
程序运行结束
```

图　9-3

考点 2 try...except...else 语句

本考点的考点评估和考查要求如表 9-2 所示。

表 9-2

考点评估		考查要求
重要程度	★★★☆☆	1．掌握 try...except...else 语句的语法格式； 2．掌握 try...except...else 语句的使用
难度	★★★☆☆	
考查题型	选择题	

try...except 语句后可以添加 else 语句。使用 else 语句时，必须将它放在 except 语句之后。try 语句中的代码块没有发生任何异常时，else 语句中的代码块将被执行。

1．try...except...else 语句的格式

```
try：
    <可能抛出异常的语句>
except：
    <处理异常>
else：
    <语句>
```

2．try...except...else 语句的示例

输入一个整数和浮点数并计算两个数的和。

示例代码 9-3

```
try:
    a = int(input("输入一个整数："))
    b = float(input("输入一个浮点数："))
    c = a + b
except:
    print("输入有误")
else:
    print(c)
```

若输入 a 的值为 2.0，a 的类型不是 int 型，则程序抛出异常，执行 except 语句，输出结果如图 9-4 所示。

```
控制台
输入一个整数：2.0
输入有误
程序运行结束
```

图　9-4

若输入 a 的值为 2，b 的值为 2.0，则无异常发生，执行 else 语句，输出结果如图 9-5 所示。

图　9-5

考点 3　try...except...finally 语句

本考点的考点评估和考查要求如表 9-3 所示。

表　9-3

考点评估		考查要求
重要程度	★★★☆☆	1．掌握 try...except...finally 语句的语法格式； 2．掌握 try...except...finally 语句的使用
难度	★★★☆☆	
考查题型	选择题	

完整的异常处理语句应该包含 finally 代码块。无论程序有无异常发生，finally 代码块都会被执行。

1．try...except...finally 语句的格式

```
try：
    <可能抛出异常的语句>
except：
    <处理异常>
finally：
    <语句>
```

2．try...except...finally 语句的示例

输入一个整数和字符运算的值。

示例代码 9-4

```
try:
    a = int(input(" 输入一个整数：")) 
    b = input(" 输入字符串：")
    c = a * b
except:
    print(" 输入有误 ")
finally:
    print(" 字符串的重复输出 ")
```

运行程序后，若输入整数为“2”，字符串为“我爱祖国”，则输出结果如图 9-6 所示。

```
控制台
输入一个整数：2
输入字符串：我爱祖国
字符串的重复输出
程序运行结束
```

图 9-6

运行程序后，若输入整数为“我”，则输出结果如图 9-7 所示。

```
控制台
输入一个整数：我
输入有误
字符串的重复输出
程序运行结束
```

图 9-7

考点探秘

考题 1

当用户依次输入

```
12
0
```

下列代码的输出结果是（　　）。

```
try:
    a = int(input(" 输入被除数："))
    b = int(input(" 输入除数："))
    c = a/b
except:
    print(" 输入有误 ")
else:
    print(c)
```

A．12　　　B．0　　　C．程序没有任何输出　　　D．输入有误

※ 核心考点

考点 2：try...except...else 语句。

※ 思路分析

此类题目首先需要分析输入的内容是否会引起程序抛出异常。若程序抛出异常，执行 except 代码块；若程序未抛出异常，执行 else 代码块。

※ 考题解答

题目中依次输入 a 的值为 12，b 的值为 0，接着执行 c=a/b，除数为 0，程序会抛出异常，所以执行 except 的语句，输出“输入有误”。因此，答案是 D 选项。

考题 2

运行下列代码，输入

```
3.14
```

则输出结果是（　　）。

```
try:
    a = float(input(" 请输入 PI 的值："))
except:
    print(" 输入有误 ")
finally:
    print(" 完成 PI 值的输入 ")
```

A．3.14　　B．输入有误
C．完成 PI 值的输入　　D．3.14
完成 PI 值的输入

※ 核心考点

考点 3：try...except...finally 语句。

※ 思路分析

此类题目考查的是 try...except...finally 语句结构，考生需要注意区分该结构中的各分支在什么条件下会被执行。

※ 考题解答

无论程序是否抛出异常，finally 代码块都会执行，因此字符串“完成 PI 值的输入”一定会被打印出来，排除 A 选项和 B 选项。执行 try 代码块，输入“3.14”，程序不会抛出异常，跳过 except 代码块。最终只有 finally 代码块被执行，因此，答案是 C 选项。

巩固练习

1．运行下列代码，输入

```
2.0
```

则输出结果是（　　）。

```
try:
    a = int(input(" 请输入一个整数 "))
except:
    print(" 输入有误 ")
else:
    print(a)
```

A．2　　B．输入有误
C．请输入一个整数　　D．2.0

2．运行下列代码，输入

```
5.0
```

则输出的结果是（　　）。

```
while True:
    try:
        x = int(input("请输入一个整数："))
        print(x)
        break
    except :
        print("您输入的不是整数，请再次尝试输入！")
```

A．5.0

B．5

C．您输入的不是整数，请再次尝试输入！

D．以上答案均不正确

Python标准库入门

turtle 库中有一支神奇的画笔，从绘画窗的正中心开始，根据指令在画布上游走。我们可以自己控制画笔的方向、颜色、粗细，从而绘制出多彩的图形。本专题会介绍 turtle 库中基本的函数运用，让我们一起用 Python 画出属于自己的第一幅画吧。

考查方向

能力考评方向

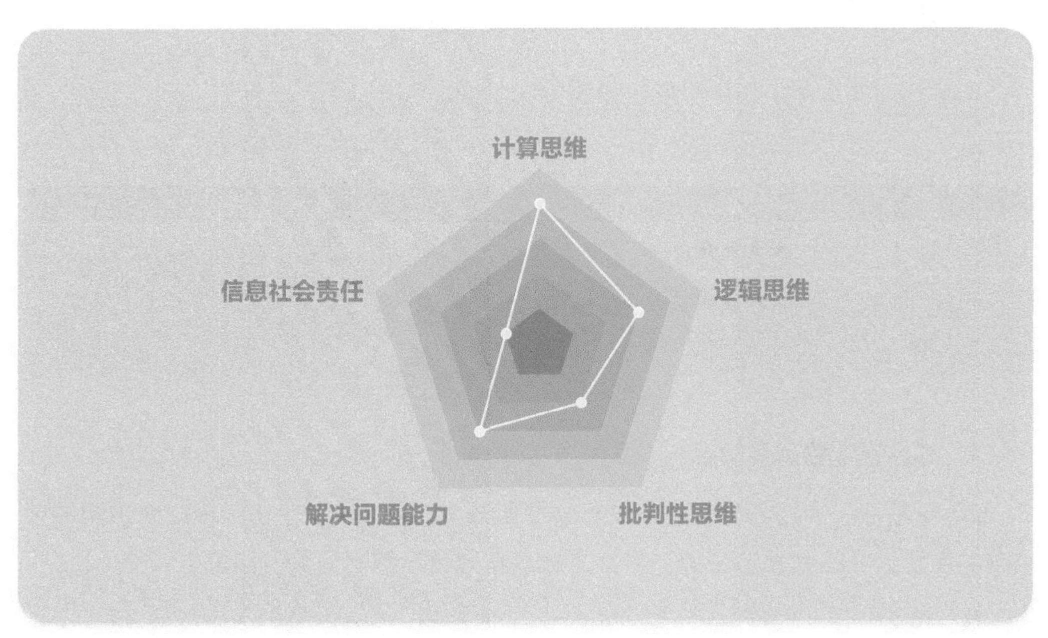

知识结构导图

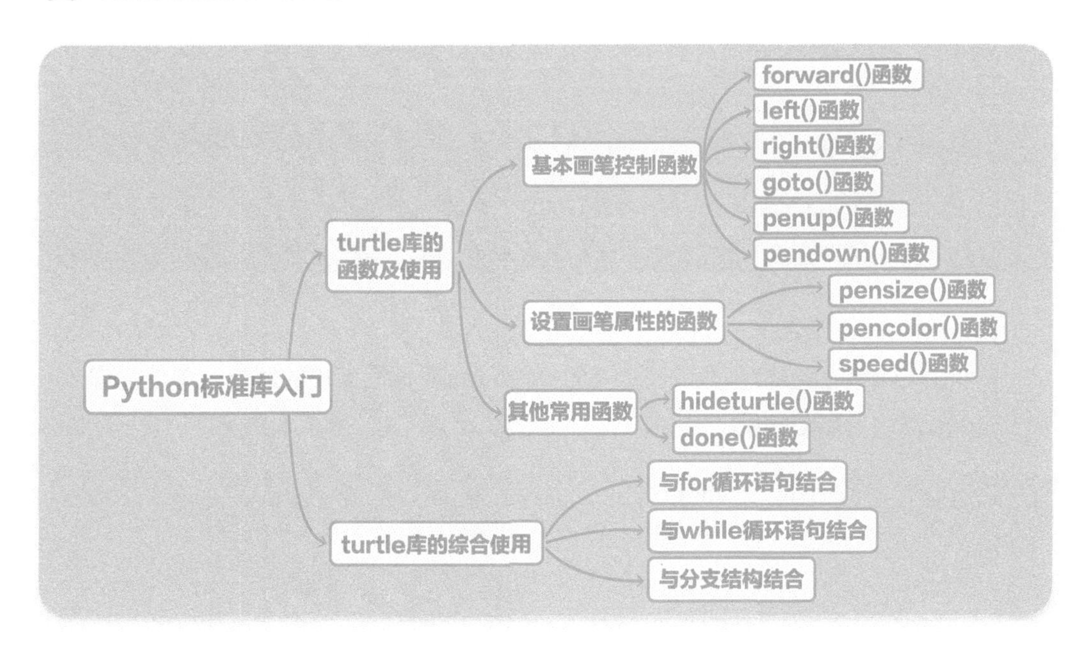

考点清单

考点 1　turtle 库的函数及使用

本考点的考点评估和考查要求如表 10-1 所示。

表　10-1

考点评估		考查要求
重要程度	★★★★☆	1．掌握 turtle 库中基本函数的使用； 2．能够正确设置画笔属性
难度	★★☆☆☆	
考查题型	选择题	

1．基本画笔控制函数

turtle 库是一个直观、有趣的图形绘制函数库。我们可以使用 turtle 库绘制各种各样的图形。在绘制图形之前，需要掌握基本的画笔控制函数，如表 10-2 所示。

表　10-2

函　　数	描　　述
forward()	画笔前进
left()	画笔左转
right()	画笔右转
goto()	画笔移动到指定坐标位置
penup()	抬笔
pendown()	落笔

（1）forward() 函数

forward() 函数能够使画笔前进，参数 distance 为画笔前进的距离，单位为像素。

① forward() 函数的格式

```
turtle.forward(distance)
```

② forward() 函数的示例

示例代码 10-1

```
import turtle              # 引入 turtle 库
turtle.forward(100)        # 画笔前进 100 像素
turtle.done()              # 停止画笔绘制，但绘图窗体不关闭
```

运行程序后，输出结果如图 10-1 所示，最终运行效果是前进 100 像素。

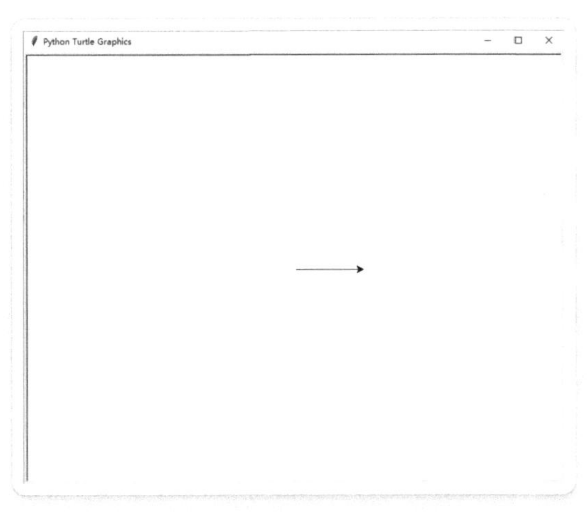

图 10-1

（2）left() 函数

left() 函数能够使画笔左转，参数 angle 为画笔左转向的角度。

① left() 函数的格式

```
turtle.left(angle)
```

② left() 函数的示例

示例代码 10-2

```
import turtle
turtle.forward(100)
turtle.left(90)            # 向左转 90°
turtle.forward(100)
turtle.done()
```

运行程序后，输出结果如图 10-2 所示，最终运行效果是画笔先前进 100 像素，然后左转，再前进 100 像素。

（3）right() 函数

right() 函数能够使画笔右转，参数 angle 为画笔右转向的角度。

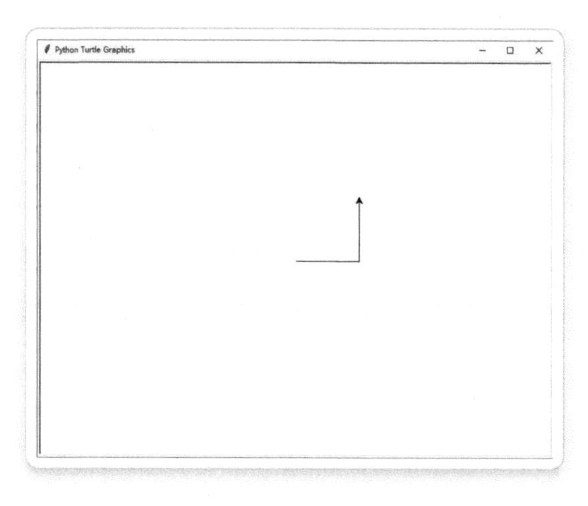

图 10-2

① right() 函数的格式

```
turtle.right(angle)
```

② right() 函数的示例

示例代码 10-3

```
import turtle
turtle.forward(100)
turtle.right(90)        # 向右转 90°
turtle.forward(100)
turtle.done()
```

运行程序后，输出结果如图 10-3 所示，最终运行效果是画笔先前进 100 像素，然后右转，再前进 100 像素。

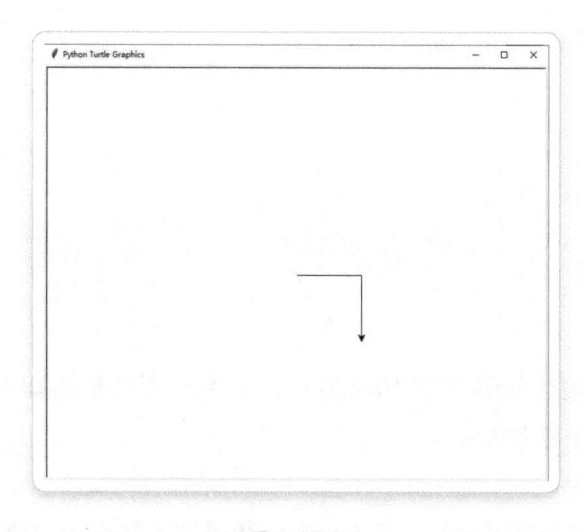

图 10-3

（4）goto() 函数

goto(x, y) 函数用来控制画笔移动到指定坐标，其中 x、y 分别表示指定坐标点的横、纵坐标。

① goto() 函数的格式

```
turtle.goto(x, y)
```

② goto() 函数的示例

示例代码 10-4

```
import turtle
turtle.goto(100,100)        # 前往 x=100, y=100
turtle.done()
```

运行程序后，输出结果如图 10-4 所示，画布的中心坐标为（0,0），画笔最终到达（100,100）。

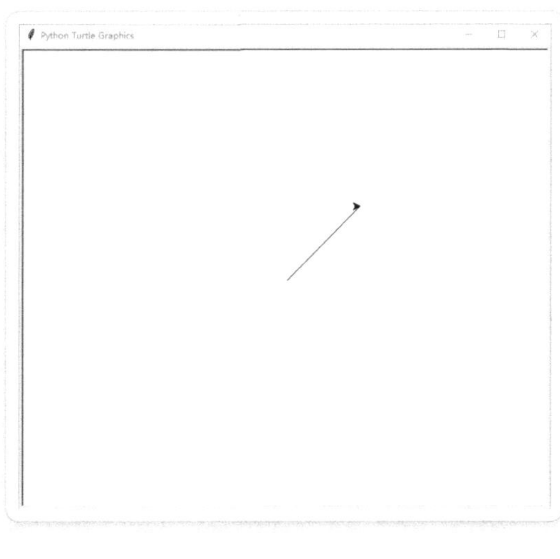

图　10-4

（5）penup() 函数

penup() 函数用来抬起画笔，画笔抬起后，移动时不会绘制线条。

① penup() 函数的格式

```
turtle.penup()
```

② penup() 函数的示例

示例代码 10-5

```
import turtle
```

```
turtle.penup()                  # 抬起画笔
turtle.forward(100)
turtle.done()
```

运行程序后，输出结果如图 10-5 所示，将画笔抬起后，移动时不会显示移动轨迹。

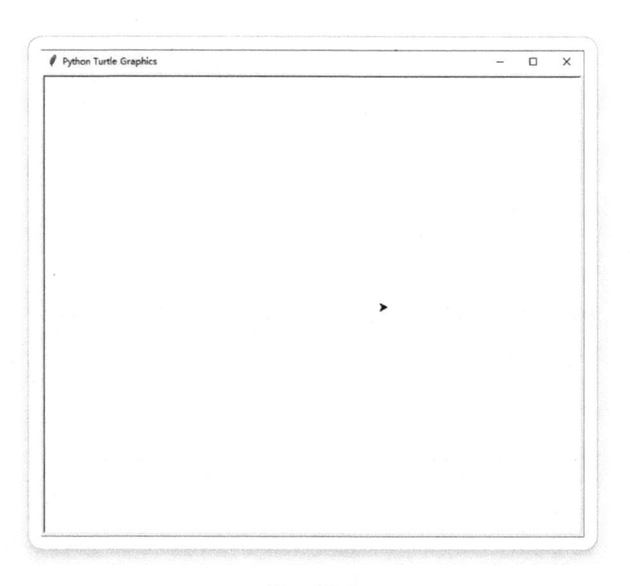

图 10-5

（6）pendown() 函数

pendown() 函数用来落下画笔，常与 penup() 函数成对使用。

① pendown() 函数的格式

```
turtle.pendown()
```

② pendown() 函数的示例

示例代码 10-6

```
import turtle
turtle.forward(50)
turtle.penup()              # 抬起画笔
turtle.forward(100)
turtle.pendown()            # 落下画笔
turtle.forward(50)
turtle.done()
```

运行程序后，输出结果如图 10-6 所示，将画笔落下后，移动时会再次显示移动轨迹。

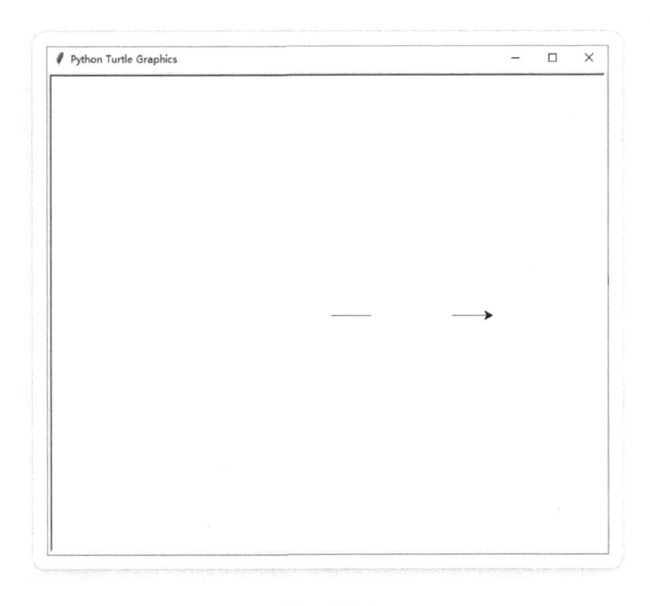

图　10-6

2. 设置画笔属性的函数

turtle 库中设置画笔属性的函数主要有 3 种，如表 10-3 所示。

表　10-3

函　　数	描　　述
pensize()	设置画笔宽度
pencolor()	设置画笔颜色
speed()	设置绘画速度

（1）pensize() 函数

pensize(width) 函数用来调整画笔的宽度，参数 width 为具体的宽度值，画笔默认宽度为 1。

① pensize() 函数的格式

```
turtle.pensize(width)
```

② pensize() 函数的示例

示例代码 10-7

```
import turtle
turtle.forward(100)
turtle.pensize(10)      # 将画笔宽度设置为 10
turtle.forward(100)
```

```
turtle.done()
```

运行程序后，输出结果如图 10-7 所示，为将画笔宽度设置为 10 的绘制效果。

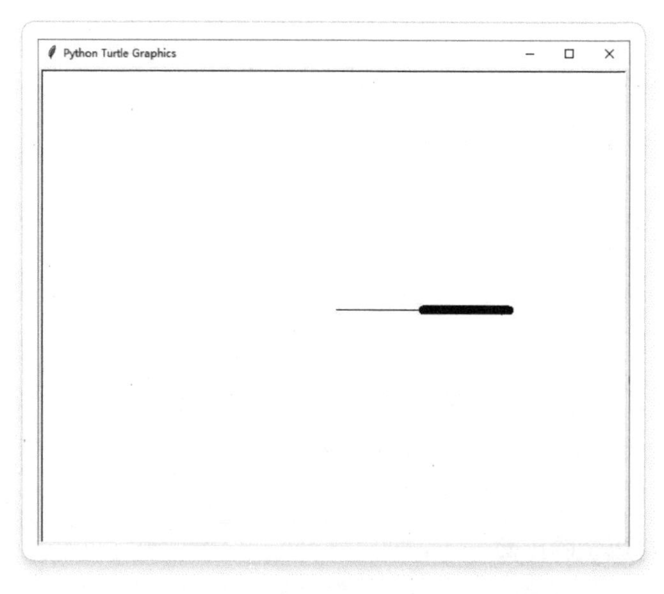

图 10-7

（2）pencolor() 函数

pencolor(color) 函数用来设置画笔的颜色，参数 color 可以直接填入颜色的英文单词。

① pencolor() 函数的格式

```
turtle.pencolor(color)
```

其中，color 为颜色的英文单词，如 red、green、yellow、black、blue 等。

② pencolor() 函数的示例

示例代码 10-8

```
import turtle
turtle.pencolor("red")         # 设置画笔颜色为红色
turtle.forward(100)
turtle.pencolor("blue")        # 设置画笔颜色为蓝色
turtle.forward(100)
turtle.done()
```

运行程序后，输出结果如图 10-8 所示，直接填入 red 或者 blue 设置颜色。

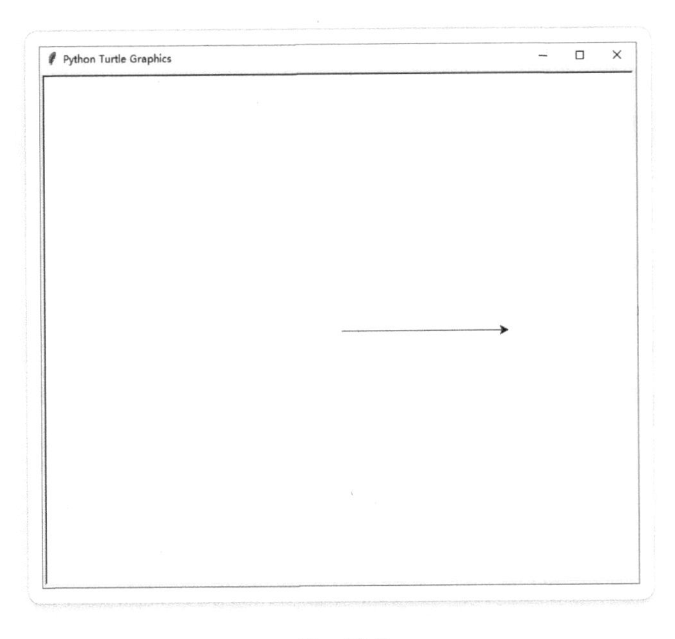

图　10-8

（3）speed() 函数

speed(speed) 函数用来设置画笔的速度，参数 speed 的范围为 0 ～ 10。

① speed() 函数的格式

```
turtle.speed(speed)
```

② speed() 函数的示例

示例代码 10-9

```
import turtle as t
t.speed(2)                # 设置画笔的速度为 2
for x in range(100):
    if x == 10:
        t.speed(9)        # 设置画笔的速度为 9
    t.forward(x)
    t.left(90)
t.done()
```

运行程序后，输出结果如图 10-9 所示。

3. 其他常用函数

turtle 库中的其他常用函数如表 10-4 所示。

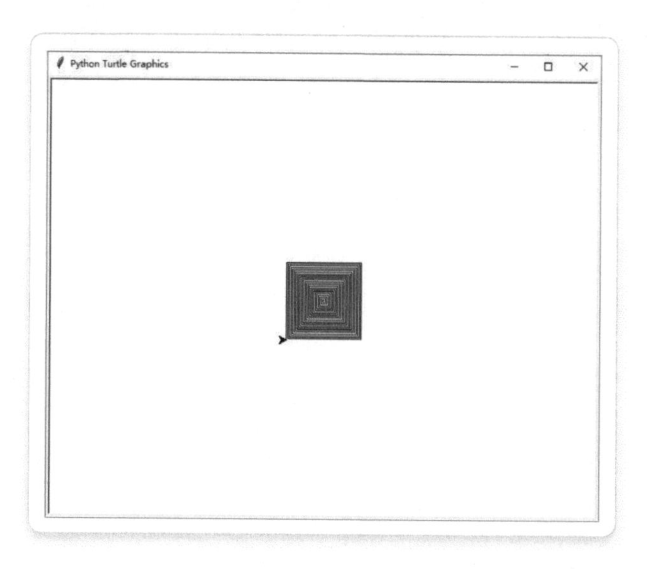

图 10-9

表 10-4

函　数	描　述
hideturtle()	隐藏画笔
done()	停止画笔

（1）hideturtle() 函数

hideturtle() 函数的作用是隐藏画笔。

① hideturtle() 函数的格式

```
turtle.hideturtle()
```


② hideturtle() 函数的示例

示例代码 10-10

```
import turtle
turtle.hideturtle()                 # 隐藏画笔
# 画一个三角形
for i in range(3):
    turtle.forward(200)
    turtle.left(120)
turtle.done()
```

运行程序后，输出结果如图 10-10 所示，使用 hideturtle() 之后，画笔将不会显示在画布中。

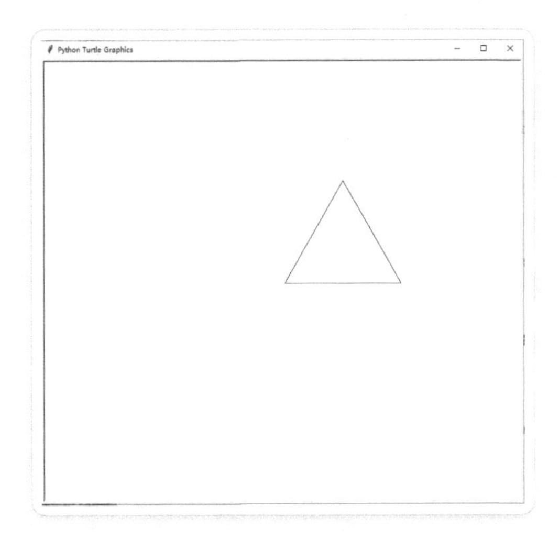

图 10-10

（2）done() 函数

在 turtle 库中，done() 函数的作用是停止画笔，并且阻止绘画窗关闭，如果接下来的代码还需要用到画笔，画笔也不会再启动。关于 done() 函数的具体使用方法前面的案例中已经举出，这里不做过多说明。

● **备考锦囊**

① 画笔前进操作函数中的距离可以为负值，如 forward (–100) 表示画笔倒退 100。

② 画笔转向操作函数中的角度可以为负值，如 left (–60) 等同于 right(60)。

③ speed() 函数中的 speed 参数范围为 0 ~ 10，1 ~ 10 速度逐渐增大，0 为最大速度，大于 10 或小于 0.5 均按照 0 计算。

考点 2 turtle 库的综合应用

本考点的考点评估和考查要求如表 10-5 所示。

表 10-5

考点评估		考查要求
重要程度	★★★★☆	综合运用 turtle 库、选择结构与循环结构绘制图形
难度	★★★☆☆	
考查题型	选择题、操作题	

turtle 库可以结合变量、循环结构和分支结构等一起使用来绘制复杂的图形。

1．与 for 循环语句结合

在绘制一些有规律的图形时，经常将 turtle 库结合循环结构一同使用，其中最常见的就是与 for 循环语句结合使用。

利用 for 循环语句绘制一个五角星，需要将“前进”“转向”这两个操作重复执行 5 次。

示例代码 10-11

```
import turtle as t
for i in range(5):        # 重复执行 5 次
    t.forward(200)        # 注意缩进
    t.right(144)
t.done()
```

运行程序后，输出结果如图 10-11 所示。

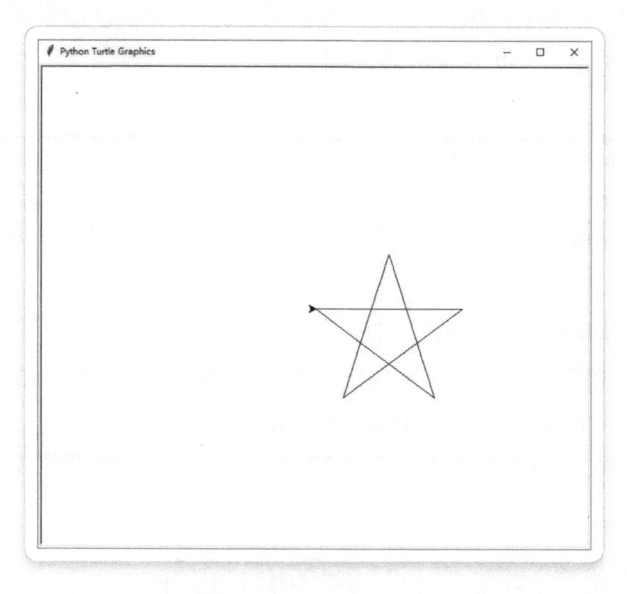

图 10-11

2．与 while 循环语句结合

turtle 库也可以与 while 循环语句结合使用。

利用 while 循环语句绘制一个五角星是通过计数的方式来计算循环的次数，变量“i”的初始值为 0，每循环 1 次变量“i”增加 1，所以变量“i”是被 0、1、2、3、4 五个数字依次赋值，直至 while 循环语句中的条件“i<5”不被满足，才会停止循环，最终循环次数为 5。

示例代码 10-12

```
import turtle as t
i = 0                       # 变量 i 的初始值等于 0
while i < 5:                # 循环执行直到 i ≥ 5 为止
    t.forward(200)
    t.right(144)
    i +=1                   # 变量 i=i+1
t.done()
```

运行程序后，输出结果如图 10-12 所示。

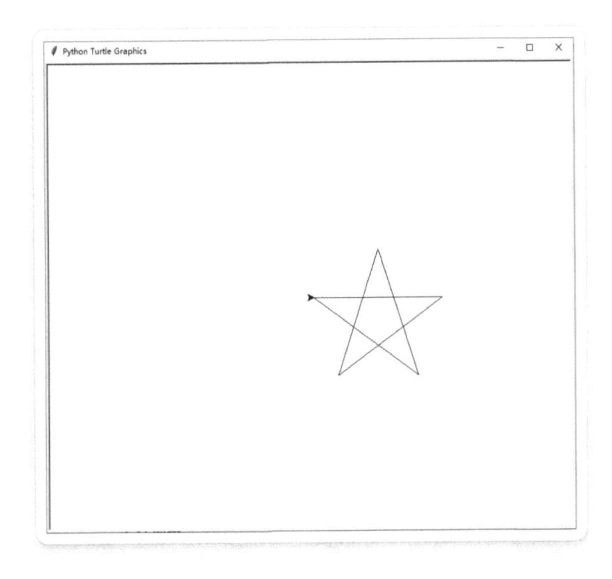

图　10-12

3．与分支结构结合

turtle 库也可以与分支结构结合使用。例如，循环结构中嵌套分支结构，用来设置画笔的颜色。

示例代码 10-13

```
import turtle as t
t.pensize(5)               # 将画笔宽度设置为 5
t.hideturtle()             # 隐藏画笔
for i in range(5):
# 如果满足条件“i 除以 2 的余数为 0”（即 i 为 0、2、4 时），则执行下面的语句
    if i%2 == 0:
        t.pencolor("orange") # 设置画笔的颜色为 orange
    else:          # 否则（即不满足条件“i 除以 2 的余数为 0”），则执行下面的语句
```

```
        t.pencolor("green") # 设置画笔的颜色为 green
    t.forward(200)
    t.right(144)
t.done()
```

运行程序后，输出结果如图 10-13 所示。

图 10-13

考点探秘

考题 1

在 Python 中引入 turtle 库后，以下代码不正确的是（　　）。

A．turtle.right (– 45)　　B．turtle.left (– 90)

C．turtle.forward (– 50)　　D．turtle.pencolor (– 10)

※ 核心考点

考点 1：turtle 库的函数及使用。

※ 思路分析

本题考查的是 turtle 库的基本绘图函数。考生需熟悉常用的绘图函数的作用和用法。

※ 考题解答

turtle.right（−45）表示画笔向右旋转−45°（即左转 45°），所以 A 选项无错误；同理 turtle.left（−90）表示画笔向左旋转−90°（即右转 90°），所以 B 选项书写无错误；turtle.forward（−50）表示画笔前进−50 像素的距离（即向后 50 像素的距离），所以 C 选项书写无错误；turtle.pencolor（）函数用于设置画笔的颜色，其参数不能为一个数值，所以 D 选项有书写错误。因此，答案是 D 选项。

※ 举一反三

在 Python 中引入 turtle 库后，下列代码错误的是（　　）。

A．turtle.pensize(3)　　B．turtle.done(12)

C．turtle.right(120)　　D．turtle.penup()

考题 2

（真题 • 2019.12）使用 turtle 库绘制如图 10-14 所示的图形，则①和②处应填写（　　）。

```
import turtle as t
for i in range( ① ):
    t.forward(100)
    t.right(-60)
    t.forward(100)
    t.right( ② )
t.hideturtle()
t.done()
```

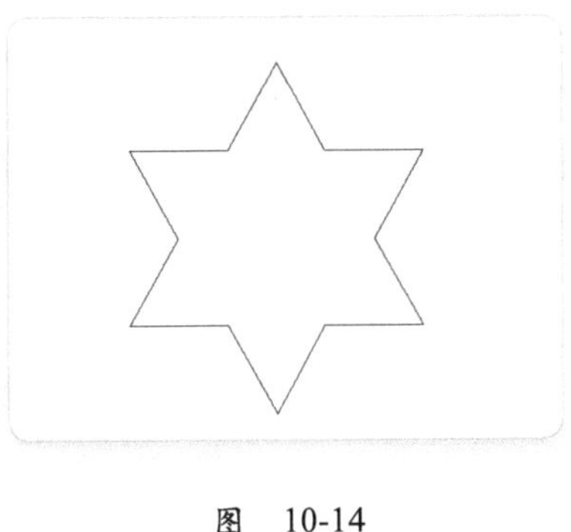

图　10-14

A．5，60　　B．5，120　　C．6，60　　D．6，120

※ 核心考点

考点 2：turtle 库的综合应用。

※ 思路分析

本题使用 turtle 库和循环结构绘制出规则的几何图形，要注意分析图形的特征。

※ 考题解答

首先根据循环条件可以大致分析出每次循环都会绘制两条边，根据图形形状可以分析出共需要循环 6 次，①处可以控制循环次数，故①处填写 6。再分析代码可以看出，图形是从 turtle 默认的画笔初始位置开始绘制，故循环体中的循环结构应依次为前进 100、右转−60°（即左转 60°）、前进 100、右转 120°，故②处填写 120。因此，答案是 D 选项。

巩固练习

1．使用 turtle 库绘制图 10-15，则①处应该填写（　　）。

```
import turtle as t
t.speed(5)
t.left(90)
for i in range(6):
    for m in range(6):
        t.forward(80)
        t.left(60)
    t.left( ① )
t.hideturtle()
t.done()
```

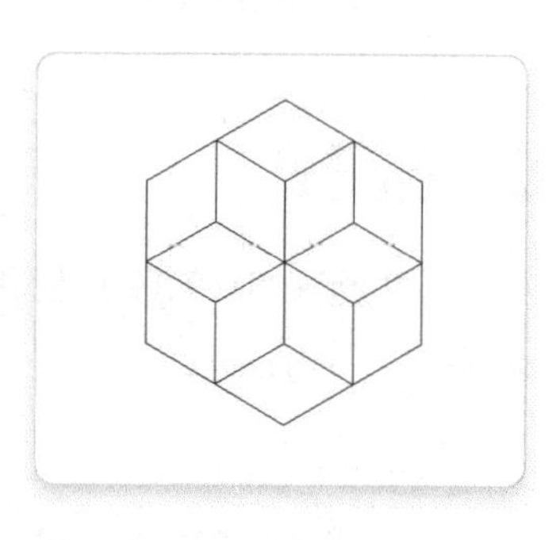

图　10-15

A．120　　B．144　　C．60　　D．30

2．请使用 turtle 库绘制出图 10-16。

图　10-16

附录

附录一
青少年编程能力等级标准：第2部分

1 范围

本标准规定了青少年编程能力等级，本部分为本标准的第 2 部分。

本部分规定了青少年编程能力等级（Python 编程）及其相关能力要求，并根据等级设定及能力要求给出了测评方法。

本标准适用于各级各类教育、考试、出版等机构开展以青少年编程能力教学、培训及考核为内容的业务活动。

2 规范性引用文件

文件《信息技术　学习、教育　培训测试试题信息模型》（GB/T 29802—2013）对于本文件应用必不可少。凡是注日期的引用文件，仅注日期的版本适用于本文件；凡是不注日期的引用文件，其最新版本（包括所有的修改单）适用于本文件。

3 术语和定义

3.1 Python 语言

由 Guido van Rossum 创造的通用、脚本编程语言，本部分采用 3.5 及之后的 Python 语言版本，不限定具体版本号。

3.2 青少年

年龄在 10 岁到 18 岁之间，此“青少年”约定仅适用于本部分。

3.3 青少年编程能力 Python 语言

“青少年编程能力等级第 2 部分：Python 编程”的简称。

3.4 程序

由 Python 语言构成并能够由计算机执行的程序代码。

3.5 语法

Python 语言所规定的、符合其语言规范的元素和结构。

3.6 语句式程序

由 Python 语句构成的程序代码，以不包含函数、类、模块等语法元素为特征。

3.7 模块式程序

由 Python 语句、函数、类、模块等元素构成的程序代码，以包含 Python 函数或类或模块的定义和使用为特征。

3.8 IDLE

Python 语言官方网站（https://www.python.org）所提供的简易 Python 编辑器和运行调试环境。

3.9 了解

对知识、概念或操作有基本的认知，能够记忆和复述所学的知识，能够区分不同概念之间的差别或者复现相关的操作。

3.10 理解

与了解（3.9 节）含义相同，此“理解”约定仅适用于本部分。

3.11 掌握

能够理解事物背后的机制和原理，能够把所学的知识和技能正确地迁移到类似的场景中，以解决类似的问题。

4 青少年编程能力 Python 语言概述

本部分面向青少年计算思维和逻辑思维培养而设计，以编程能力为核心培养目标，语法限于 Python 语言。本部分所定义的编程能力划分为四个等级。每个等级分别规定相应的能力目标、学业适应性要求、核心知识点及所对应的能力要求。依据本部分进行的编程能力培训、测试和认证，均应采用 Python 语言。

4.1 总体设计原则

青少年编程等级 Python 语言面向青少年设计，区别于专业技能培养，采用如下四个基本设计原则。

（1）基本能力原则：以基本编程能力为目标，不涉及精深的专业知识，不以培养专业能力为导向，适当增加计算机学科背景内容。

（2）心理适应原则：参考发展心理学的基本理念，以儿童认知的形式运算阶段为主要对应期，符合青少年身心发展的连续性、阶段性及整体性规律。

(3) 学业适应原则：基本适应青少年学业知识体系，与数学、语文、外语等科目衔接，不引入大学层次课程内容体系。

(4) 法律适应原则：符合《中华人民共和国未成年人保护法》的规定，尊重、关心、爱护未成年人。

4.2 能力等级总体描述

青少年编程能力 Python 语言共包括四个等级，以编程思维能力为依据进行划分，等级名称、能力目标和等级划分说明如附表 1 所示。

附表 1

等级名称	能力目标	等级划分说明
Python 一级	基本编程思维	具备以编程逻辑为目标的基本编程能力
Python 二级	模块编程思维	具备以函数、模块和类等形式抽象为目标的基本编程能力
Python 三级	基本数据思维	具备以数据理解、表达和简单运算为目标的基本编程能力
Python 四级	基本算法思维	具备以常见、常用且典型算法为目标的基本编程能力

补充说明："Python 一级"包括对函数和模块的使用。例如，对标准函数和标准库的使用，但不包括函数和模块的定义。"Python 二级"包括对函数和模块的定义。

青少年编程能力 Python 语言各级别代码量要求说明如附表 2 所示。

附表 2

等级名称	代码量要求说明
Python 一级	能够编写不少于 20 行的 Python 程序
Python 二级	能够编写不少于 50 行的 Python 程序
Python 三级	能够编写不少于 100 行的 Python 程序
Python 四级	能够编写不少于 100 行的 Python 程序，掌握 10 类算法

补充说明：这里的代码量是指为解决特定计算问题而编写单一程序的行数。各级别代码量要求建立在对应级别知识点内容的基础上。代码量作为能力达成度的必要但非充分条件。

5 "Python 一级"的详细说明

5.1 能力目标及适用性要求

"Python 一级"以基本编程思维为能力目标，具体包括如下四个方面。

(1) 基本阅读能力：能够阅读简单的语句式程序，了解程序运行过程，预测程序运行结果。

（2）基本编程能力：能够编写简单的语句式程序，正确运行程序。

（3）基本应用能力：能够采用语句式程序解决简单的应用问题。

（4）基本工具能力：能够使用 IDLE 等展示 Python 代码的编程工具完成程序的编写和运行。

“Python 一级”与青少年学业存在如下适用性要求。

（1）阅读能力要求：认识汉字并能阅读简单的中文内容，熟练识别英文字母、了解并记忆少量的英文单词，识别时间的简单表示。

（2）算术能力要求：掌握自然数和小数的概念及四则运算，理解基本推理逻辑，了解角度、简单图形等基本几何概念。

（3）操作能力要求：熟练操作无键盘平板电脑或有键盘普通计算机，基本掌握鼠标的使用。

5.2 核心知识点说明

“Python 一级”包含 12 个核心知识点，如附表 3 所示，知识点排序不分先后。

附表 3

编号	知识点名称	知识点说明	能力要求
1	程序基本编写方法	以 IPO 为主的程序编写方法	掌握“输入、处理、输出”程序的编写方法，能够辨识各环节，具备理解程序的基本能力
2	Python 基本语法元素	缩进、注释、变量、命名和保留字等基本语法	掌握并熟练使用基本语法元素编写简单程序，具备利用基本语法元素进行问题表达的能力
3	数字类型	整数类型、浮点数类型、布尔类型及其相关操作	掌握并熟练编写带有数字类型的程序，具备解决数字运算基本问题的能力
4	字符串类型	字符串类型及其相关操作	掌握并熟练编写带有字符串类型的程序，具备解决字符串处理基本问题的能力
5	列表类型	列表类型及其相关操作	掌握并熟练编写带有列表类型的程序，具备解决一组数据处理基本问题的能力
6	类型转换	数字类型、字符串类型、列表类型之间的转换操作	理解类型的概念及类型转换的方法，具备表达程序类型与用户数据间对应关系的能力
7	分支结构	if、if...else、if...elif...else 等构成的分支结构	掌握并熟练编写带有分支结构的程序，具备利用分支结构解决实际问题的能力
8	循环结构	for、while、continue 和 break 等构成的循环结构	掌握并熟练编写带有循环结构的程序，具备利用循环结构解决实际问题的能力

续表

编号	知识点名称	知识点说明	能力要求
9	异常处理	try...except 构成的异常处理方法	掌握并熟练编写带有异常处理能力的程序，具备解决程序基本异常问题的能力
10	函数使用及标准函数 A	函数使用方法，10 个左右 Python 标准函数（见附录二）	掌握并熟练使用基本输入 / 输出和简单运算为主的标准函数，具备运用基本标准函数的能力
11	Python 标准库入门	基本的 turtle 库功能，基本的程序绘图方法	掌握并熟练使用 turtle 库的主要功能，具备通过程序绘制图形的基本能力
12	Python 开发环境使用	Python 开发环境使用，不限于 IDLE	熟练使用某一种 Python 开发环境，具备使用 Python 开发环境编写程序的能力

附录

5.3 核心知识点能力要求

"Python 一级" 12 个核心知识点对应的能力要求如附表 3 所示。

5.4 标准符合性规定

"Python 一级" 的符合性评测需要包含对 "Python 一级" 各知识点的评测，知识点宏观覆盖度要达到 100%。

根据标准符合性评测的具体情况，给出基本符合、符合、深度符合三种认定结论。基本符合是指每个知识点提供不少于 5 个具体知识内容；符合是指每个知识点提供不少于 8 个具体知识内容；深度符合是指每个知识点提供不少于 12 个具体知识内容。具体知识内容要与知识点实质相关。

用于交换和共享的青少年编程能力等级测试及试题应符合《信息技术 学习、教育和培训 测试试题信息模型》（GB/T 29802—2013）的规定。

5.5 能力测试要求

与 "Python 一级" 相关的能力测试在标准符合性规定的基础上应明确考试形式和考试环境，考试要求如附表 4 所示。

附表 4

内容	描述
考试形式	理论考试与编程相结合
考试环境	支持 Python 程序的编写和运行环境，不限于单机版或 Web 网络版
考试内容	满足标准符合性（5.4 节）规定

6 “Python 二级”的详细说明

6.1 能力目标及适用性要求

“Python 二级”以模块编程思维为能力目标，具体包括如下四个方面。

（1）基本阅读能力：能够阅读模块式程序，了解程序运行过程，预测程序运行结果。

（2）基本编程能力：能够编写简单的模块式程序，正确运行程序。

（3）基本应用能力：能够采用模块式程序解决简单的应用问题。

（4）基本调试能力：能够了解程序可能产生错误的情况，理解基本调试信息并完成简单的程序调试。

“Python 二级”与青少年学业存在如下适用性要求。

（1）已具备能力要求：具备“Python 一级”所描述的适用性要求。

（2）数学能力要求：了解以简单方程为内容的代数知识，了解随机数的概念。

（3）操作能力要求：熟练操作计算机，熟练使用鼠标和键盘。

6.2 核心知识点说明

“Python 二级”包含 12 个核心知识点，如附表 5 所示，知识点排序不分先后。其中，名称中标注“(基本)”的知识点表明该知识点相比专业说法仅做基础性要求。

附表 5

编号	知识点名称	知识点说明	能力要求
1	模块化编程	以代码复用、程序抽象、自顶向下设计为主要内容	理解程序的抽象、结构及自顶向下设计方法，具备利用模块化编程思想分析实际问题的能力
2	函数	函数的定义、调用及使用	掌握并熟练编写带有自定义函数和函数递归调用的程序，具备解决简单代码复用问题的能力
3	递归及算法	递归的定义及使用、算法的概念	掌握并熟练编写带有递归的程序，了解算法的概念，具备解决简单迭代计算问题的能力
4	文件	基本的文件操作方法	掌握并熟练编写处理文件的程序，具备解决数据文件读写问题的能力
5	（基本）模块	Python 模块的基本概念及使用	理解并构建模块，具备解决程序模块之间调用问题及扩展规模的能力
6	（基本）类	面向对象及 Python 类的简单概念	理解面向对象的简单概念，具备阅读面向对象代码的能力

续表

编号	知识点名称	知识点说明	能 力 要 求
7	（基本）包	Python 包的概念及使用	理解并构建包，具备解决多文件程序组织及扩展规模问题的能力
8	命名空间及作用域	变量命名空间及作用域，全局和局部变量	熟练并准确理解语法元素作用域及程序功能边界，具备界定变量作用范围的能力
9	Python 第三方库的获取	根据特定功能查找并安装第三方库	基本掌握 Python 第三方库的查找和安装方法，具备搜索扩展编程功能的能力
10	Python 第三方库的使用	jieba 库、pyinstaller 库、wordcloud 库等第三方库	基本掌握 Python 第三方库的使用方法，理解第三方库的多样性，具备扩展程序功能的基本能力
11	标准函数 B	5 个标准函数（见附录二）及查询使用其他函数	掌握并熟练使用常用的标准函数，具备查询并使用其他标准函数的能力
12	基本的 Python 标准库	random 库、time 库、math 库等标准库	掌握并熟练使用 3 个 Python 标准库，具备利用标准库解决问题的简单能力

6.3 核心知识点能力要求

“Python 二级”12 个核心知识点对应的能力要求如附表 5 所示。

6.4 标准符合性规定

“Python 二级”的符合性评测需要包含对“Python 二级”各知识点的评测，知识点宏观覆盖度要达到 100%。

根据标准符合性评测的具体情况，给出基本符合、符合、深度符合三种认定结论。基本符合是指每个知识点提供不少于 5 个具体知识内容；符合是指每个知识点提供不少于 8 个具体知识内容；深度符合是指每个知识点提供不少于 12 个具体知识内容。具体知识内容要与知识点实质相关。

用于交换和共享的青少年编程能力等级测试及试题应符合《信息技术　学习、教育和培训　测试试题信息模型》（GB/T 29802—2013）的规定。

6.5 能力测试要求

与“Python 二级”相关的能力测试在标准符合性规定的基础上应明确考试形式和考试环境，考试要求如附表 6 所示。

附表 6

内　容	描　述
考试形式	理论考试与编程相结合
考试环境	支持 Python 程序运行环境，支持文件读写，不限于单机版或 Web 网络版
考试内容	满足标准符合性（6.4 节）规定

7 “Python 三级”的详细说明

7.1 能力目标及适用性要求

“Python 三级”以基本数据思维为能力目标，具体包括如下四个方面。

（1）基本阅读能力：能够阅读具有数据读写、清洗和处理功能的简单 Python 程序，了解程序运行过程，预测程序运行结果。

（2）基本编程能力：能够编写具有数据读写、清洗和处理功能的简单 Python 程序，正确运行程序。

（3）基本应用能力：能够采用 Python 程序解决具有数据读写、清洗和处理的简单应用问题。

（4）数据表达能力：能够采用 Python 语言对各类型数据进行正确的程序表达。

“Python 三级”与青少年学业存在如下适用性要求。

（1）已具备能力要求：具备“Python 二级”所描述的适用性要求。

（2）数学能力要求：掌握集合、数列等基本数学概念。

（3）信息能力要求：掌握位、字节、Unicode 编码等基本信息概念。

7.2 核心知识点说明

“Python 三级”包含 12 个核心知识点，如附表 7 所示，知识点排序不分先后。其中，名称中标注“(基本)”的知识点表明该知识点相比专业说法仅做基础性要求。

附表 7

编号	知识点名称	知识点说明	能 力 要 求
1	序列与元组类型	序列类型、元组类型及其使用	掌握并熟练编写带有元组的程序，具备解决有序数据组的处理问题的能力
2	集合类型	集合类型及其使用	掌握并熟练编写带有集合的程序，具备解决无序数据组的处理问题的能力
3	字典类型	字典类型的定义及基本使用	掌握并熟练编写带有字典类型的程序，具备处理键值对数据的能力

续表

编号	知识点名称	知识点说明	能力要求
4	数据维度	数据的维度及数据基本理解	理解并辨别数据维度，具备分析实际问题中数据维度的能力
5	一维数据处理	一维数据表示、读写、存储方法	掌握并熟练编写使用一维数据的程序，具备解决一维数据处理问题的能力
6	二维数据处理	二维数据表示、读写、存储方法及 CSV 格式的读写	掌握并熟练编写使用二维数据的程序，具备解决二维数据处理问题的能力
7	高维数据处理	高维数据表示、读写方法	基本掌握编写使用 JSON 格式数据的程序，具备解决数据交换问题的能力
8	文本处理	文本查找、匹配等基本方法	基本掌握编写文本处理的程序，具备解决基本文本查找和匹配问题的能力
9	数据爬取	页面级数据爬取方法	基本掌握网络爬虫程序的基本编写方法，具备解决基本数据获取问题的能力
10	（基本）向量数据	向量数据理解及多维向量数据表达	掌握向量数据的基本表达及处理方法，具备解决向量数据计算问题的基本能力
11	（基本）图像数据	图像数据的理解及基本图像数据的处理方法	掌握图像数据的基本处理方法，具备解决图像数据问题的能力
12	（基本）HTML 数据	HTML 数据格式理解及 HTML 数据的基本处理方法	掌握 HTML 数据的基本处理方法，具备解决网页数据问题的能力

7.3 核心知识点能力要求

“Python 三级”12 个核心知识点对应的能力要求如附表 7 所示。

7.4 标准符合性规定

“Python 三级”的符合性评测需要包含对“Python 三级”各知识点的评测，知识点宏观覆盖度要达到 100%。

根据标准符合性评测的具体情况，给出基本符合、符合、深度符合三种认定结论。基本符合是指每个知识点提供不少于 5 个具体知识内容；符合是指每个知识点提供不少于 8 个具体知识内容；深度符合是指每个知识点提供不少于 12 个具体知识内容。具体知识内容要与知识点实质相关。

用于交换和共享的青少年编程能力等级测试及试题应符合《信息技术　学习、教育和培训　测试试题信息模型》（GB/T 29802—2013）的规定。

7.5 能力测试要求

与“Python 三级”相关的能力测试在标准符合性规定的基础上应明确考试形式和考试环境，考试要求如附表 8 所示。

附表 8

内 容	描 述
考试形式	理论考试与编程相结合
考试环境	支持 Python 程序运行环境，支持文件读写，不限于单机版或 Web 网络版
考试内容	满足标准符合性（7.4 节）规定

8 “Python 四级”的详细说明

8.1 目标能力及适用性要求

“Python 四级”以基本算法思维为能力目标，具体包括如下四个方面。

（1）算法阅读能力：能够阅读带有算法的 Python 程序，了解程序运行过程，预测运行结果。

（2）算法描述能力：能够采用 Python 语言描述算法。

（3）算法应用能力：能够根据掌握的算法采用 Python 程序解决简单的计算问题。

（4）算法评估能力：评估算法在计算时间和存储空间的效果。

“Python 四级”与青少年学业存在如下适用性要求。

（1）已具备能力要求：具备“Python 三级”所描述的适用性要求。

（2）数学能力要求：掌握简单统计、二元方程等基本数学概念。

（3）信息能力要求：掌握基本的进制、文件路径、操作系统使用等信息概念。

8.2 核心知识点说明

“Python 四级”包含 12 个核心知识点，如附表 9 所示，知识点排序不分先后。其中，名称中标注“(基本)”的知识点表明该知识点相比专业说法仅做基础性要求。

“Python 四级”与 Python 一至三级之间存在整体的递进关系，但其中 1 ～ 5 知识点不要求“Python 三级”基础，可以在“Python 一级”之后与“Python 二级”或“Python 三级”并行学习。

附表 9

编号	知识点名称	知识点说明	能力要求
1	堆栈队列	堆栈队列等结构的基本使用	了解数据结构的概念，具备利用简单数据结构分析问题的基本能力
2	排序算法	不少于 3 种排序算法	掌握排序算法的实现方法，辨别算法计算和存储效果，具备应用排序算法解决问题的能力
3	查找算法	不少于 3 种查找算法	掌握查找算法的实现方法，辨别算法计算和存储效果，具备应用查找算法解决问题的能力
4	匹配算法	不少于 3 种匹配算法，至少含 1 种多字符串匹配算法	掌握匹配算法的实现方法，辨别算法计算和存储效果，具备应用匹配算法解决问题的能力
5	蒙特卡洛算法	蒙特卡洛算法及应用	理解蒙特卡洛算法的概念，具备利用基本蒙特卡洛算法分析和解决问题的能力
6	（基本）分形算法	基于分形几何，不少于 3 种算法	了解分形几何的概念，掌握分形几何的程序实现，具备利用分形算法分析问题的能力
7	（基本）聚类算法	不少于 3 种聚类算法	理解并掌握聚类算法的实现，具备利用聚类算法分析和解决简单应用问题的能力
8	（基本）预测算法	不少于 3 种以线性回归为基础的预测算法	理解并掌握预测算法的实现，具备利用基本预测算法分析和解决简单应用问题的能力
9	（基本）调度算法	不少于 3 种调度算法	理解并掌握调度算法的实现，具备利用基本调度算法分析和解决简单应用问题的能力
10	（基本）分类算法	不少于 3 种简单的分类算法	理解并掌握简单分类算法的实现，具备利用基本分类算法分析和解决简单应用问题的能力
11	（基本）路径算法	不少于 3 种路径规划算法	理解并掌握路径规划算法的实现，具备利用基本路径算法分析和解决简单应用问题的能力
12	算法分析	计算复杂性，以时间、空间为特点的基本算法分析	掌握计算复杂性的方法，具备算法复杂性分析能力

8.3 核心知识点能力要求

“Python 四级”12 个核心知识点对应的能力要求如附表 9 所示。

8.4 标准符合性规定

“Python 四级”的符合性评测需要包含对“Python 四级”各知识点的评测，知识点宏观覆盖度要达到100%。根据标准符合性评测的具体情况，给出基本符合、符合、深度符合三种认定结论。基本符合是指每个知识点提供不少于 5 个具体知识内容；符合是指每个知识点提供不少于 8 个具体知识内容；深度符合是指每个知识点提供不少于 12 个具体知识内容。具体知识内容要与知识点实质相关。

用于交换和共享的青少年编程能力等级测试及试题应符合《信息技术 学习、教育和培训 测试试题信息模型》（GB/T 29802—2013）的规定。

8.5 能力测试要求

与“Python 四级”相关的能力测试在标准符合性规定的基础上应明确考试形式和考试环境，考试要求如附表 10 所示。

附表 10

内 容	描 述
考试形式	理论考试与编程相结合
考试环境	支持 Python 程序运行的环境，支持文件读写，不限于单机版或 Web 网络版；能够统计程序编写时间、提交次数、运行时间及内存占用
考试内容	满足标准符合性（8.4 节）规定

附录二

标准范围的Python标准函数列表

函 数	描 述	级 别
input([x])	从控制台获得用户输入，并返回一个字符串	Python 一级
print(x)	将 x 字符串在控制台打印输出	Python 一级
pow(x,y)	x 的 y 次幂，与 x**y 相同	Python 一级
round(x[,n])	对 x 四舍五入，保留 n 位小数	Python 一级
max(x_1,x_2,…,x_n)	返回 x_1，x_2，…，x_n 的最大值，n 没有限定	Python 一级
min(x_1,x_2,…,x_n)	返回 x_1，x_2，…，x_n 的最小值，n 没有限定	Python 一级
sum(x_1,x_2,…,x_n)	返回参数 x_1，x_2，…，x_n 的算术和	Python 一级
len()	返回对象（字符、列表、元组等）长度或项目个数	Python 一级
range(x)	返回的是一个可迭代对象（类型是对象）	Python 一级
eval(x)	执行一个字符串表达式 x，并返回表达式的值	Python 一级

续表

函　数	描　述	级　别
int(x)	将 x 转换为整数，x 可以是浮点数或字符串	Python 一级
float(x)	将 x 转换为浮点数，x 可以是整数或字符串	Python 一级
str(x)	将 x 转换为字符串	Python 一级
list(x)	将 x 转换为列表	Python 一级
open(x)	打开一个文件，并返回文件对象	Python 二级
abs(x)	返回 x 的绝对值	Python 二级
type(x)	返回参数 x 的数据类型	Python 二级
ord(x)	返回字符对应的 Unicode 值	Python 二级
chr(x)	返回 Unicode 值对应的字符	Python 二级
sorted(x)	排序操作	Python 二级（查询）
tuple(x)	将 x 转换为元组	Python 二级（查询）
set(x)	将 x 转换为集合	Python 二级（查询）

附录三

真题演练及参考答案

1．扫描二维码下载文件：真题演练

2．扫描二维码下载文件：参考答案